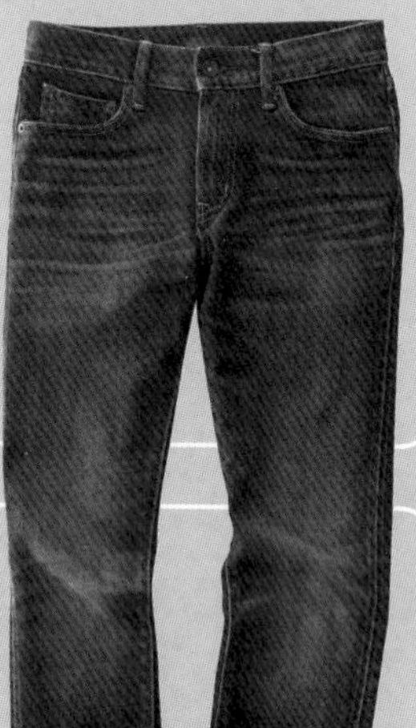

UNIQLO型男超速時尚

無論現在幾歲
都可以立刻讓自己改頭換面

大山旬_著 林琬清_譯

在此想冒昧問各位男性一個問題。

你們穿的衣服該不會

都是「隨便」挑選的吧？

首先想請各位看看以下幾張照片。

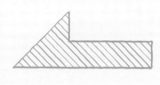

After 1

Before

第一張照片中有9成是UNIQLO的單品。

印花T恤、格紋襯衫、米色卡其褲，以及量販店賣的耐穿好走運動鞋。每逢假日就會在街上看到很多這樣穿著的男性。

其實也有9成是UNIQLO。

第二和第三張的After照片，Before和After照片中的穿搭都是使用同時期在UNIQLO購買的單品，可是整體印象看起來卻截然不同。

After 2

大多數成年男性都認為「衣服只要能穿就好」，於是就在UNIQLO隨便買上幾件，穿上後就會像右邊這張照片。

另一方面，只有極少數會打扮的人能夠運用UNIQLO享受穿搭的樂趣。其實只要稍微「理解一些重點」，就能用同一間店購買的商品，呈現出完全不同的效果。

本書就是要教大家如何運用在我們身邊隨處可見的「UNIQLO」，不用花大錢就能迅速變身型男的方法。

前言

初次見面，大家好，我是一名造型師，名叫大山旬。

首先，我先來簡單做個自我介紹。我是一名「個人造型師」，服務對象為日常生活中，不知道該怎麼穿搭的人，我會陪同他們一起逛店家，提供全新的穿搭建議。至今歷經9年，我已經協助了3000名以上的人變身成功。

近年來我也創辦了以成年男性為對象的「男性時尚學校」，透過影片和照片，淺顯易懂地傳授流行時尚的基本概念。

這段期間我每天都在面對一般男性會有的造型煩惱，並思考該如何協助解決這些問題。我認為我的職責就是以淺顯易懂的方式，教不擅於打扮的男性享受穿搭的樂趣。

在這個世界上，有些人認為「打扮只是一種自我滿足的行為」，也有人認為「衣服只要能穿就好」。

可是，**人生在世，不可能不穿衣服**。

既然非穿衣服不可，若是能讓別人覺得「那個人好好看喔！」不是會比較開心嗎？至於這個「好看」的標準是什麼呢？

造型可以「立刻」讓人改頭換面

會讓人覺得「好看」並非光靠天生的「外表和身材」。也會深受「人品．氣質」和「造型（髮型）」這兩大要素影響。外表和身材雖然無法輕易改變，可是「造型」卻能讓一個人立刻改頭換面。造型若是做得好，還能提升整個人的自信，連走路方式和姿態都會改變。「人品．氣質」也會在不知不覺間產生變化。**就算不靠外表和身材，僅靠後天的要素，也足以讓一個人變得好看**。

這裡想請各位想想落語家笑福亭鶴瓶，鶴瓶是落語家中難得有專屬造型師的人，雖然他外表看起來是個親切和藹的中年大叔，但總是打扮得很有型有款，因此在電視上總是給人良好的印象。這就是儘管外型不是大帥哥，仍然能靠「造型打扮」贏得好感的最佳例子。

「內在不變」也能突然受歡迎的原因

我有時會在幫正在準備相親聯誼的男性提供造型建議，他們的需求是要「看起來很得體」。

實際和他們聊過之後，發現他們的人品都很好，但完全沒有異性緣。雖然內在比外在重要是眾所皆知的事，但若是因為穿著或髮型的關係，導致外型吃虧，很可能就無法順利讓對方感受到最重要的內在。

這樣的人一旦改變造型後，通常都能成功將內在魅力直接傳達給對方，因而馬上找到結婚對象。

反之，無論外型打扮再帥氣，但是對待店員的態度蠻橫，或是人品有問題，那也是很難結得了婚。這麼一想，一個人的好感其實是在各種要素的綜合搭配之下成立的。既然人品是好的，可千萬別因為外在關係而誤了前途。

剛才向大家介紹了鶴瓶的例子，但因為我個人的工作範圍剛好都是在東京都內，可以經常看到藝人私底下走在街頭的樣子。

通常藝人上電視時，都會有專業造型師和髮型師幫忙打理造型，因此外表看起來都很光鮮亮麗，但其實有很多人私底下不太起眼，反而是穿著髮型打扮得宜的商家店員看起來還比較亮眼。

就連顏值高的藝人都會這樣了，更何況是我們一般人，一旦過了30歲，更應該運用綜合分數來提升整體好感，而不是專靠長相。比起顏值高、身材好，我們現在更應該追求的是整體氣質和有型有款的造型打扮。

無論你現在幾歲，都可以立刻讓自己改頭換面，變成時尚型男。

接下來我將傳授給各位造型穿搭的實用技巧。我在2016年出版了《不擅長打扮的人也能穿搭有型的最強「選衣術」》一書，託各位的福，讀者已經超過3萬人。這次相隔一年推出此書，並不單單只是「第二彈」而已。

這次我還會介紹前作發行後我所聽到的有關挑選衣服的「三個心聲」，以下我將逐一回應這些消費者的心聲。

心聲1 「襯衫要1萬日圓太貴！」

我曾在網路上看過一篇「1個月會花多少錢在衣服上？」的問卷調查，單身男性回答「不到1萬日圓」的比例佔了全部的8成，當中還有很多人回答「幾乎不買衣服」。

「衣服只要能穿就好」的觀念似乎還深植在各位男性的腦海裡。

聽說近年來以30～40歲男性為對象的流行雜誌銷售情況良好，但實際上各位身邊有多少人會定期閱讀流行雜誌呢？想必應該不會太多。

或許有一小部分的人很喜歡打扮，但除此之外的大多數男性，應該連**自己該買什麼樣的衣服都不曉得，而且盡量不花錢在衣服上**吧。

單身男性都是如此了，結婚有小孩的男性就更應該沒有多餘的錢可以花在衣服上。

我在前作中介紹過UNITED ARROWS等「選貨店（select shop）」，襯衫1件就要1萬日圓上下，夾克外套2萬5000日圓上下，外套要3萬日圓以上。

想要「好好投資自己」的人，或許還下得了手，但大多數的人應該都會在此止步。

實際上，我也有朋友閱讀完我的上本著作後，發表了以下感想：「選貨店的門檻有點太高了」、「想再找便宜一點的衣服」。

因此，本書的其中一個目的就是想帶領各位「入門」，教大家如何以更便宜的價位，享受打扮的樂趣。

心聲2 「打扮過頭反而會很俗氣！」

到現在還有很多人認為只要花錢就能變得時尚有型，這其實是天大的誤會。花多少錢和看起來有沒有型是完全兩回事。

我常在銀座或六本木街頭和全身上下都是名牌貨、看起來很有錢的人擦身而過，身為造型師，大概都可以估測出這些單品的價位。

我也感受到了「好衣服＝名牌衣」的觀念至今仍根深蒂固在一般人的腦海裡，從職業運動選手平常穿的衣服也可看出這一點。

但他們看起來很有型嗎？有些人只是靠名牌衣在撐，花了這麼多錢，看起來卻「不怎麼時尚」。

身著再貴的名牌服飾，若不考慮到全身穿搭，看起來便很難時尚有型。全身顯眼的名牌貨有時也會讓人看起來缺乏氣質，反而造成反效果。

反之，有些人全身都以UNIQLO的服飾為主，看起來卻大方有型。懂得挑選衣物和搭配的人，不用花大錢也能看起來很時尚有型。

因此最重要的不是價錢或品牌，而是挑選符合現在年齡和時代潮流的「選衣品味」。

不同時代的型男有不同的特徵。

近年來有很多女性覺得**「要打扮可以，但打扮得太誇張的男性反而會讓人看不下去」**。

這道理告訴我們，打扮過頭反而會看起來很俗氣。

因此，現代人應該追求的是「簡單有型」。

數年前，「Normcore（低調簡約）」一詞受到高度關注，平價服飾打造出來的自然穿搭能有效提升好感度，除了異性之外，在同性眼裡也是如此。

襯衫開到第二顆釦子，全身穿金戴銀的男性容易看起來痞痞的，在同性眼裡也不會覺得有型。想要穿出可以滿足自我風格的打扮不是不行，但是能夠獲得他人好評的「自然穿搭」，才是最符合經濟效益的選擇。

心聲3 「乍看之下看不出價值！」

看到標有品牌LOGO的衣服時，任誰都能判斷出「這件衣服一定很貴！」，但若衣服上沒有任何標識，便很難看出「價格上的差異」。老實說，連我身為造型師都未必能在瞬間看出衣服品質的好壞。

例如以下這兩件襯衫。

你能看得出來哪件比較貴嗎？

拿掉品牌標籤後，恐怕大部分的人都感覺不出差異。上面那件是UNIQLO，3000日圓，下面那件是選貨店的原創商品，1萬5000日圓，相差5倍。但大概有9成以上的人感覺不出品質和價格的差異。

流行時尚界中有一個價位金字塔。

有些高價位的品牌會提供流行最前線的服飾，但也有位於金字塔底端的品牌能夠完美引進上位品牌所表現出的世界觀。

UNIQLO便是擅於早一步觀察出時代潮流走向、以平易近人的價位提供商品的品牌。而且感覺速度年年增快。

除了UNIQLO之外，其他品牌也對時代潮流愈來愈敏銳。

因此**昂貴和便宜的衣服越來越難分辨**。實際穿在身上比較後，或許可從衣服款式好不好看、用料高不高級、車工自不自然中看出差異，而這些微小的差別或許也是流行打扮的樂趣所在。

只是在日常生活中，很少有人會這麼仔細地看他人的穿著打扮。儘管世上有少數百分之幾的人能夠看出其差異，但絕大多數的人，都只會看到外在的設計，因此**以「乍看**

之下還不錯」為目標，才是最符合經濟效益的選擇。

本書的目的正是為了回應以上三個讀者的心聲，將不須花錢便能迅速打扮有型的方法介紹給大家。想要快速變身型男的步驟有以下三項。

步驟一　辨別哪「8成衣服」不能買
步驟二　「選對單品」，拿到基本分數70分
步驟三　加入「點綴」，目標80分以上

以下依序說明。

快速變身型男「步驟一」

辨別哪「8成衣服」不能買

前面提到UNIQLO等低價位的服飾店中，能看到越來越多流行服飾，但這並不代表「什麼衣服都能買」。

現在便宜又好看的衣服愈來愈多，但日本國內有因此充斥會打扮的型男嗎？答案是否定的。因此儘管UNIQLO多了很多好看的流行服飾，一旦選擇錯誤，看起來仍然無法有型。

其實成熟男性應該擁有的衣服只佔店內的2成而已，也就是能夠搭配任何造型的「基本款單品」。

可是現在進到店內，最先看到的都是最流行的單品和各式色彩鮮豔的服飾。因為店家想要賣的是「當季流行的設計款」，而不是一成不變的基本款，理所當然會想推薦當季單品，這樣才能讓消費者年年都來購買。

因此，第一章中，**我們就要請各位培養「鑑賞能力」，從這麼多服飾中，找出適合自**

店裡面有…

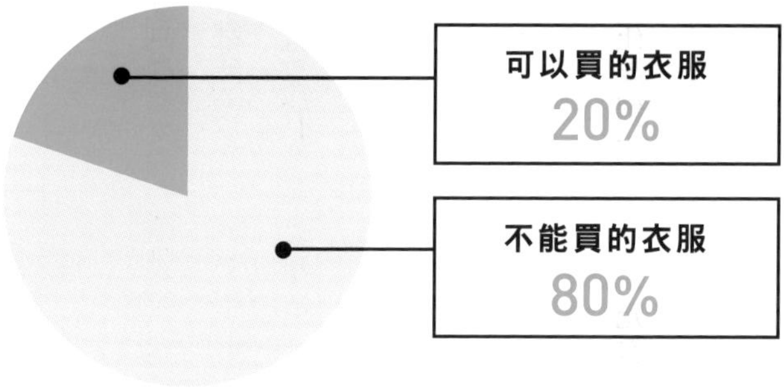

己的衣服，而不是被店家牽著鼻子走。這並不是什麼難事，只要掌握幾項重點，任誰都能輕易挑選出適合自己的衣服。

若是不知道挑衣重點，很容易買下店員推薦的衣服，或是直接購買展示在店頭的衣服而後悔不已。

因此必須先了解基本款服飾，並謹慎挑選，如此一來，便能避免重大失敗。

「選對單品」，拿到基本分數70分

掌握辨識重點後，接著要來挑選單品。

剛開始要先挑選樸素不起眼的衣服，而不是展示在店內最亮眼的衣服。

若一開始就被圖案或顏色吸引而購買，會導致每項單品缺乏統一性，難以搭配。因此自己心裡要先有一個明確的標準，否則到店裡就很容易被華麗的服飾吸引。

這時要考慮的重點是「整體的平衡」，而不是顧著尋找有趣的單品。要用充滿個性的單品來做全身穿搭難度太高了。

我們應該將衣服想成是一個「區塊」。當一個區塊的存在感太過強烈時，就很難運用在整體穿搭上。

流行時尚並非一兩天才成立的事，而是長期累積下所建構出來的，因此會培養出所謂的「基本款」，這些「基本款」今後也會一直是流行時尚的基礎。像西裝的基本配備為「西裝外套、襯衫、領帶」一樣，便服也有一些必備的基本配備。

只要買對衣服，就能…

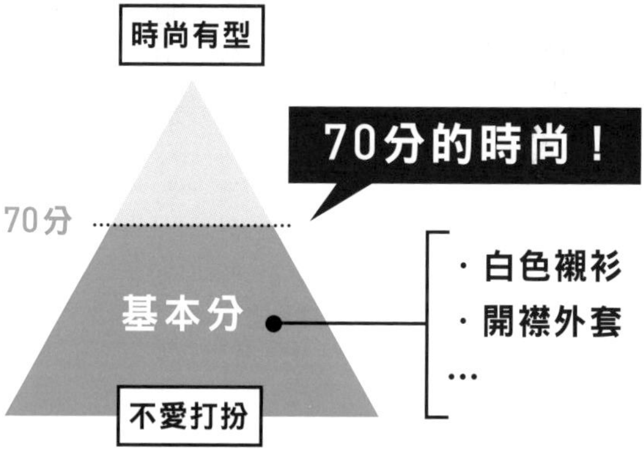

只是**平常不愛打扮的人，就會選穿「牛仔褲、連帽外套、印花T恤、斜背包、好走的運動鞋」，這些都稱不上是必備的基本配備。**這些人大概是從學生時期就開始這樣挑選衣服。

因此在第二章中，我會為大家逐一介紹基本款單品，包括襯衫、毛衣、夾克外套。只要掌握每項單品的挑選重點，便能達到時尚的基本分數70分。

加入「點綴」，目標80分以上

步驟二中提到，流行時尚最重要的不是穿搭，而是選擇單品，可是，這裡會出現一個問題。

選了樸素簡單的單品後，看起會「太過平凡」。

這時的重點就是要加入「點綴」效果。

只要運用穿衣方式和隨興穿搭，花一點「小巧思」加入點綴效果，就能輕鬆穿出時尚感。

在基本款單品上加入「視覺上的點綴」，便能讓人覺得「很有型」。

因此，先用基本款單品拿到70分，蓋好地基後，第三章則會教大家如何加入點綴效果，達到80分以上。

不習慣打扮的人，經常會搞錯順序，一開始就想加入「點綴」效果。

結果就會想選顏色和圖案都很花俏的單品。

更進一步學會點綴方式後…

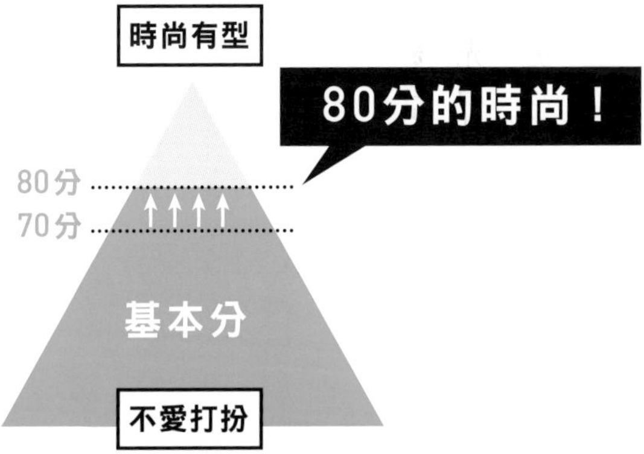

具體的點綴效果包括「隨興穿搭」、「顏色・圖樣」、「配件」、「特色單品」、「潮流單品」五項。

我們該做的不是將這些點綴全部納入穿搭，而是**簡單加入2~3成就好，如此一來，便能打造出整體造型**。

書中將會進一步做詳細說明，請各位務必要精通以上技巧。

在穿衣風格變成中年大叔之前……

只要精通以上「三個步驟」，任誰都能輕鬆變得時尚有型。

但在進入正題之前，還要提醒大家一件事。

那就是，想要變得時尚有型靠的不是品味，也不是金錢，而是需要一點「**小小的決心**」。改變以往的穿衣風格需要決心，打造全新價值觀也需要決心。

況且，改變穿衣風格基本上就需要勇氣。

因為我們的生活型態和價值觀都深植在我們的穿衣風格當中，所以想要改變穿衣風格，就得付出相對的決心。

我的客戶當中，幾乎沒有人會提出「請讓我變成另外一個人」的要求。

大部分的委託都是「**想要自然、不要太誇張的時尚穿搭**」。

電視上常看到一些「改造父親大變身」的企劃，**其實有不少人會覺得這樣的大改造還滿難為情的**。一口氣變太多很容易造成反效果，會忍不住穿回原來的衣服。

如果你經常在UNIQLO買衣服，那就請先改變在UNIQLO的「挑衣方式」。這樣就可以在心理負擔不會太大的情況下，順利改變造型。

我們不需要「越級打怪」，逐步了解打扮的樂趣才是最佳的捷徑。這些小小的累積，最後一定都會產生明顯的變化。

只是不擅於打扮的人，通常都有一個共通點，那就是「不喜歡改變」。他們總是喜歡穿著能夠安心的衣服，不敢嘗試沒穿過的衣服。如果一直不改掉這個習慣，**20多歲的時候還無所謂，但等到年紀增長後，很容易變得老氣橫秋**。

我們都會老，不可能永遠適合年輕時的服裝，時代潮流也會漸漸改變。

如果我們穿的衣服也不跟著變化，看起來就會很俗氣。因此配合時代升級自己的造型也是很重要的事。

十幾歲到二十五歲左右的時候，看到中年大叔的穿著，可能會覺得很土。

但等到自己到了這個年紀後，同樣的情形也會降臨在自己身上。

想要擺脫這種情形，**就要勇於多多嘗試沒穿過的衣服**。只要有這個態度，想要改變造型就不會太難。嘗試新造型一開始需要勇氣，但只要習慣之後，就會漸漸覺得沒什麼了。請接受煥然一新的自己吧。在閱讀本書之前，請務必要牢記以上這段話。

本書中所介紹的單品和穿搭幾乎都是使用UNIQLO或GU等平易近人的品牌，我已經盡量排除了價格方面的門檻。

我衷心期盼各位讀者能夠盡量嘗試新造型，並喜歡煥然一新的自己。

目次

第二章 「選對單品」，拿到基本分數70分

第二章 加入「點綴」，目標80分以上

第一章

辨別哪「8成衣服」不能買

誰都可以學得會的選衣技巧

該買的衣服「只有2成」

為了打扮，我們需要添購新衣，但是在那之前，希望大家可以先了解一件事，那就是「前言」中提到的「**該買的衣服僅佔店內的2成**」。

走進服飾店，會率先看到色彩鮮明、圖樣特殊等容易吸引消費者目光的商品。畢竟服飾店也要做生意，當然會把當季單品或想推銷的服飾擺在醒目的地方。

但這些吸睛商品真的是我們該購買，而且會一直留在衣櫥裡的服飾嗎？答案是

「NO」。或許這些商品可以用來當點綴，但並不是可以成為我們每天穿搭用的基本款單品。

況且，比起毫無特色可言的「普通單品」，一般人會覺得像左圖襯衫一樣縫線顏色特殊，或是拼接部分印有花樣的「特色單品」看起來比較有型。

別人看到或許還會稱讚這些小細節「很可愛」、「很好看」，**但這時絕對不能照單全收**。如果身上全是這樣的單品，反而會很不協調，看起來會很低俗廉價。

「追求簡單明瞭的時尚感」是穿搭新手常犯的錯誤，最好可以盡量避免。

這時我們應該要先添購一些看起來缺少一點特色的正統基本款，如果覺得穿搭時看起來太過樸素，只要加入一些點綴效果就能讓整體形象煥然一新（「點綴效果」會在第三章做詳細說明）。

請先將玩心擺在一邊，先備齊店內2成的普通基本

鈕扣或縫線的主張太過強烈，看起來會太花俏

款單品吧。

或許有人會想「為什麼店家都不賣基本款呢？」，想想看，**如果店裡真的只陳列基本款單品，店家會很難撐下去**，因為基本款單品不會有太多變化，只要買一次就能穿很久，所以也不需要經常汰舊換新。

身為消費者，必須在了解「店家的狀況」後，再來挑選「真正能派得上用場的兩成衣服」。

篩選衣服的「3大重點」

接著要來具體介紹「篩選衣服的標準」，篩選重點包括「顏色」、「圖樣」、「店家」3項。

用這3大重點來過濾之後，剩下的2成的正統基本款單品自然而然會浮上檯面。以下依序說明。

【1】篩選顏色

首先是「顏色」。假設我們現在來到UNIQLO，店內會看到很多同款不同色的服飾，這時會很猶豫該買哪個顏色。

但**適合成熟男性的基本顏色其實有限**，也就是以下5種顏色。

- 深藍色
- 灰色
- 米色
- 黑色
- 白色

只要從這5種顏色中挑選，基本上就不會有太大的失誤。

另一方面，也有不少人會覺得「不如趁這個機會來冒險看看」，而選擇紅色或黃色，但在挑選穿搭基本色款的階段，並不適合選擇太鮮豔的顏色。

紅色和黃色這類鮮豔的顏色，通常要付出相當程度的投資，看起來才不會太廉價。想用顏色主張自我，就必須多花一點錢購買材質好的單品，否則會看起來很沒氣質。

想要不花大錢就能打扮有型，就要選擇深藍色、灰色、黑色這類比較深的顏色，或是白色或米色這類亮度高的顏色，視覺上比較看不出價差。

因此，顏色只要固定選擇「深藍色」、「灰色」、「米色」、「黑色」、「白色」，就不會因顏色而失敗。光靠顏色應該就能淘汰掉一半以上的衣服了。

【2】篩選圖樣

接下來是「圖樣」。

我們經常會覺得有特色的圖樣花色很有吸引力，但只要能提醒自己「**不要亂選有圖樣的服飾**」，就能避免重大失敗。不想花太多錢在衣服上的話，更要留意印有圖樣的服飾。圖樣款也是容易看出價差、不付出相對投資，看起來就很廉價的服飾。

例如在UNIQLO就有在賣被命名為「UT」的印花T恤，當中有很多印有卡通人物，或是企業聯名合作的商品，一眼看去非常吸引人。

可是這些T恤其實都不太適合成熟男性。當然可以拿來當居家服穿，但想要打造時尚有型的穿搭的話，這些T恤就不在選擇範圍內了。

想拿花色繁複的服飾來做穿搭，是很考驗品味的一件事。因此，先從不太會被品味影響的地方來決勝負，比較容易呈現出個人時尚感。

這時，我們首先該選擇的就是「素色單品」。

素色單品無關品味好壞，光是穿上素色服飾，就能展現成熟風範。雖然乍看之下很單調平凡，但時尚的人其實都很喜歡穿素色單品。

備齊素色單品後，接下來就來挑選簡單的圖樣單品。當中不會失敗的圖樣包括以下兩種。

・直條紋
・橫條紋

這兩款經典常見的圖樣單品是最佳的選擇。

但這些都是用來當點綴的單品，需要慎重選購，在第三章中會再詳細為大家介紹。一開始請先「選擇素色服飾就好」。光是這樣，又能篩選出一半以上的單品，於是店內就剩下最後2成服飾了。

【3】篩選店家

光是從顏色和圖樣，應該就能篩選出適合購買的衣服。

但為了避免重大失敗，還必須「篩選店家」。當我們在決定購買衣服時，有很多店可以選擇。

只是店內備有經典款服飾的店家有限，加上本書的重點放在「平易近人的價格」上，因此符合條件的店家如下。

・UNIQLO
・GU

・無印良品
・GLOBAL WORK

但也不是「選擇店內的任何單品都ＯＫ」，最終挑選時還是要掌握「顏色」和「圖樣」的兩大重點。

例如，UNIQLO店內會有很多正統基本款的單品，同時也會有ＵＴ或格紋圓領襯衫等有花紋的單品。這時就會出現本書開頭所介紹到的，同樣全身UNIQLO，有人可以穿得很時尚，有人卻穿得很俗氣。

進入低價位的店家挑選時，應避免購買設計講究的服飾，而以簡單樸素的單品為主。

其他還有價位雖然偏高，但在選貨店中相對低價位的品牌。

・JOURNAL STANDARD relume
・URBAN RESEARCH DOORS

這些選貨店都可看出該店的品味，同時價格又比原廠便宜一些，等習慣打扮之後，

■本書中推薦的低價位商店

快時尚品牌	購物中心品牌
・UNIQLO ・GU ・ZARA	・GLOBAL WORK ・BAYFLOW
低價位的選貨店	**鞋子＆眼鏡店**
・URBAN RESEARCH DOORS ・CIAOPANIC TYPY	・ABC MART ・JINS ・Zoff

就可以進階活用這些店家。

此外，**最好避免在街頭經常看到的路邊服飾店或大型超市挑選衣服，這些門檻都太高了**。與其去這些地方，不如到更平易近人的UNIQLO或GU買衣服。

以上，只要掌握「顏色」、「圖樣」、「店家」三大重點，基本上就不會有重大失敗，並且可從多不勝數的衣服當中，挑選出2成的基本款單品。

再次提醒各位，如果想要壓低價格，就更需要掌握這三個重點。為了不要買到「一穿就掰」的服飾，仔細挑選是很重要的。

很多人會有「素色＝單調」的刻板印象，這是因為他們只看單品本身。或許只看單品本身會覺得很單調，**但只要全身穿著搭配得好，就不會給人單調的感覺**。反之，如果身上每樣單品都太過強烈，便很難穿出時尚有型的裝扮。

「備齊基本款單品」↓「添加點綴」，只要按照這個順序，就絕對不會犯錯。

徹底運用快時尚品牌的方法

為什麼該以UNIQLO做為優先選擇？

在前一節的「篩選店家」中提到過，本書的主題是「全身只需9成的UNIQLO」，因此基本款單品幾乎可以從「UNIQLO」找到。

只是30歲以上的男性當中，似乎有不少人對UNIQLO抱著「很土」的印象。

但這個想法已經過時了，若不糾正這些刻板印象，很容易吃大虧。

像UNIQLO這樣優秀的服飾店並不多。當然也要看每個人的挑選方式和使用方法，但如果我們在挑選單品時，心中能有一個「標準」，UNIQLO會是我們最佳的良伴。

畢竟UNIQLO最大的特徵就是「每項單品的個性都不會太過強烈」。

「快時尚品牌」除了UNIQLO之外，也有不少像H&M和ZARA這類重視設計的品牌。因為在日新月異的流行服飾界中，短時間內不斷提供新的流行單品是相當合理的商業模式。

只是UNIQLO雖然會販售流行單品，**但也會經常看到適合日本人的「基本款單品」**。因此，若能將UNIQLO的衣服當作是一個元素，適度放在整體穿搭中，就能成為各種時尚流行的基底。

雖然前面一直在推薦UNIQLO，但我並沒有和UNIQLO一起工作，因此我會站在造型師的立場，誠實告訴大家UNIQLO的優點和缺點，並解說靈活運用UNIQLO的方法。

【1】使用方便舒適的質料

UNIQLO是日本國內最大的快時尚品牌，企業規模大，因此經常引入最新、最優的質料。

例如，我想大家應該都曾買過「**AIRism輕盈涼感衣**」系列和「**HEATTECH吸濕發**

熱衣」，使用這些機能性質料也是UNIQLO的代名詞之一。牛仔褲方面也是使用和全球知名的牛仔布廠KAIHARA貝原公司共同開發的布料，並設有牛仔褲專門的研發機構。4000日圓左右就能買到如此高品質的牛仔褲，只有UNIQLO辦得到。

最近UNIQLO也推出了「**KANDO感動褲**」這類重視彈性和舒適度的單品。不但穿起來很舒服，設計感也非常優秀，跟我手邊的外國專業品牌相比，幾乎看不出差別。

此外，還推出了襯衫和夾克外套的「**半訂製商品**（Pattern Order）」。襯衫可以指定衣領的形狀，因此只要選擇八字領（cutaway），看起來就不會比選貨店的襯衫遜色太多。

UNIQLO是日本國內代表性的大企業，正因為如此，會與時俱進地進行質料研發等各種新嘗試。

【2】品質穩定

快時尚品牌的衣服有個常被提出來的通病，那就是「縫工粗糙」。雖然和以往相比已經有很大的改善，但我自己也有不少穿沒幾次就變得鬆鬆垮垮的經驗。特別是穿過各種價位服飾的人，應該更能察覺當中的差異。

這一點UNIQLO和其他流行品牌相比，品質算是相當穩定。大家都知道UNIQLO有很多中國製造的商品，應該有不少人都對中國製商品抱持負面印象。

我們心中總是會有「Made in Japan才是最好的」的美好幻想，但那已經是過去式了。**現在UNIQLO在中國和東南亞製作的衣服，品質管理都做得非常好**。

我在之前的著作中曾介紹過的UNITED ARROWS和TOMORROWLAND等「選貨店」也有不少Made in China的商品。因此未必只有日本產的商品才叫好。

【3】和知名設計師的聯名合作

不少快時尚品牌會跟知名設計師聯名合作，H&M和GAP就是其中兩間。

只是和設計師的聯名企劃中，經常會以新奇古怪的單品居多，一般人很難駕馭。

但UNIQLO的聯名款通常會讓設計師在基本款的範疇內展現個性，因此一般人更容易入手。

最近也開始**和全球頂尖設計師攜手合作**，包括和愛馬仕HERMES的設計師克里斯多夫．勒梅爾（Christophe Lemaire）聯名的「Uniqlo U」系列，以及2017年秋天推出的JW ANDERSON等。

克里斯多夫．勒梅爾和JW ANDERSON本身的原創服飾都相當昂貴，因此有不少追求流行的人會悄悄地在UNIQLO購買。

此類單品雖然和一般的UNIQLO單品相比，稍微個性了點，無法全數推薦，但會在第三章的「點綴」主題中扮演相當重要的角色，請務必記住這一點。

【4】尺寸大小豐富齊全

世上有很多人在選擇尺寸時會很煩惱，我的客戶當中，就有身材太過龐大，選貨店的單品穿起來會太緊的人。我自己也是屬於個頭較小的類型，因此很難找到完全合身的服飾。

但UNIQLO的尺寸就很豐富齊全，**若在網路商店購買，有些單品從XS到4XL一應俱全**。我也經常在網路商店購買XS的服飾。

＊

以上四點是活用UNIQLO時的優點。

現在UNIQLO已經是日本代表性的流行服飾店，設計感和機能性都相當優秀。

如果你還覺得「UNIQLO很土」，那就太可惜了。

只是，價格適中雖然是UNIQLO最大的優點，但也有一些相當大的缺點。

那就是**我們在購買高價品時，都會謹慎挑選，但低價品就很容易放鬆標準**。儘管UNIQLO的商品品質再好，前面我也說過好幾次了，應該選擇的商品只有2成以下。千萬不可因為便宜，就不慎重挑選商品。

尤其是在流行服飾店，「不試穿就購買」的人多不勝數。**平價的服飾一旦不合身，看起來就會很俗氣**。選貨店買的衣服品質基本上也不會太差，但快時尚品牌就不一樣了。

請各位一定要理解正因為價格便宜，才更需要謹慎挑選，不要有「先買再說」的想法。這是在流行服飾店購物的鐵則。

還有，在試穿的時候，「**看習慣之前，請先忍耐**」。一開始穿的時候可能會覺得不順眼，但過了三分鐘之後就會慢慢看習慣了。請設法跨越三分鐘高牆，試著開拓新的價值觀吧。

徹底活用「網站」，加深印象

現在幾乎所有品牌都會在官方網站上介紹單品和穿搭，怎麼可以不好好運用呢？

雖然前面介紹了很多挑選衣服的重點，可是實際來到店面，又會因為店家把想賣的衣服陳列在顯眼的地方，而忘記自己的目的。

因此，要**先養成習慣，在買衣服之前先到網站上找好目標之後再去**，不要一下就跑到店面。

當中網站做得特別優秀的就是UNIQLO。UNIQLO有一個「**精選搭配**（STYLING BOOK）」的頁面，非常值得參考。和雜誌的穿搭相比，都是一些實用性非常高，可以馬上仿效的穿搭。

加上本書中介紹的單品都以基本款居多，穿搭起來應該都不會太突兀。但要穿上以前從未穿過的衣服，心中難免會覺得有點抗拒，這是很正常的現象，因此不要一下就跑去店裡試穿，先在網路上調查一下，「讓眼睛習慣」也是一大重點。

這時要注意的就是「網路購物」。

在買基本款單品時，合不合身非常重要，所以建議不要在網路上買，一定要到實體店面去購買。雖然網站上品項豐富，但還是要看到實物再買才是最佳選擇。

雖然我自己很喜歡網路購物，但也失敗過不少次。剛開始對時尚流行感興趣的人，更應該要到實體店面購買。

「UNIQLO以外」的快時尚品牌活用術

到此為止都是以UNIQLO為中心在介紹，但這不代表其他快時尚品牌就不夠好。不同年齡不同性別適合的快時尚品牌各不相同。

包包或鞋子等配件比起UNIQLO，我會比較推薦「GU」。價位2000日圓左右就能買到相對不錯的單品。而且每樣設計都是正統經典款，遠看幾乎看不出品質差別。

GU通常會被當成「UNIQLO的廉價版」，但近幾年來GU推出愈來愈多流行度高的單品，配件也很豐富，建議可和UNIQLO搭配運用。

例如，最近的「開領襯衫（open collar shirt）」也掀起一陣熱潮，此類流行單品可先用GU的價位來嘗試，喜歡的話再到價位較高的選貨店挑選，適合當作「**入門的第一**

步」。

此外，**同樣是快時尚品牌的「ZARA」，我推薦他們的配件**。ZARA的基本款單品都會加入點帶著性感韻味的設計，對成熟男性來說門檻有點高，但是純白色的皮質運動鞋或涼鞋等鞋子，就有UNIQLO和GU沒有的魅力。披肩或圍巾等配件也有簡約舒適又好用的單品，可選擇部分添購。

簡單了解這些品牌的特色後，下一章開始要具體介紹如何挑選單品。

挑選衣服之前要先「丟衣服」

在添購新的衣服之前，應該要先「重新檢視自己現有的衣服」。現在沒辦法穿得有型，最大的問題不在穿搭，而是「**現有的單品不夠好**」。不先丟掉這些衣服，不管花費再多時間，也無法變得時尚有型。

例如當我建議客戶「添購一件白色的扣領襯衫」時，有人會回答我「家中已經有了」。

雖然這是經典款單品，但不代表有就好。衣服穿久了會舊，幾年前買的設計一定也會過時。衣服會隨流行變化，再正統的經典款服飾經過數年也一定有老舊感。

因此我都會請大家「**衣服每2~3年替換一次**」。如此一來，不但能保持一定的清潔感，也能適時順應時代潮流。這樣一想，就算買昂貴的襯衫，也是3年就要替換一次，因此還是在可接受的範圍內添購衣服為佳。

以前高價品和低價品的差異明顯，長期穿高價品當然有其價值。

可是，如我前面所述，現在的差異愈來愈小。比起一件可以穿很久的高價品，定期在可接受的範圍內替換新衣，更換新的穿搭看起來會時尚很多。

尤其男性通常會覺得「擁有一套衣服就夠了」，甚至有人會長期穿父親傳承下來的「一套衣服」。時尚高段班的人或許還能穿出復古風，但不擅長打扮的人這樣穿，其實是非常危險的。

例如，西裝乍看之下好像沒什麼不同，但隨著時代演進，西裝的款式也會一點一滴地變化，早期的西裝看起來就會變得土裡土氣。

看起來好不好看、帥不帥氣都是很主觀的想法，很難明確說明。女性還能透過電視、雜誌，大概掌握潮流走向，但男性較容易缺乏對流行的敏銳度，因此我希望各位能夠經常提醒自己，保持讓衣櫃衣服循環不息，以「3年」為一個標準。

此外，具體寫出一個禮拜會穿的「衣服量」也很重要。如果只有六日兩天會穿便服的話，那只要有「**襯衫2件、褲子2件、夾克外套1件、毛衣2件、外套2件、鞋子2雙、包包1個**」，就足以度過週末假日。光靠這些量，就能搭配出多種穿搭。

事先算好需要的衣服數量，就能推算回去，了解自己現在必須買哪些單品，也能明白現在該先丟掉哪些衣服了。

一開始先直接購買全身單品看起來會更加有型。**比起只購買一項，備齊一套全身單品才能找到最適合自己的穿搭**。之後慢慢加深對流行打扮的興趣之後，再更進一步添購進階的單品吧。

第二章

「選對單品」，拿到基本分數70分

在UNIQLO就可買到的成熟男性基本款單品

備齊基本款「單品」

「你覺得想要穿出流行時尚感，最重要的是什麼？」

我曾經對我的客戶提出這樣的疑問，我想大多數的人都會回答：「應該是穿搭吧？」

但其實**穿搭並沒有大家想像中那麼重要**。

即便是一個相當有品味的人，也很難單靠穿搭穿出時尚感。如果單品個性太過強烈，或是設計太過普通，就連身為造型師的我也很難運用得當。

也就是說，若是在「挑選單品」這個階段就失敗的話，不管怎麼組合，都搭配不出好看的穿搭。

反之，**只要選對單品，隨便搭配也不會覺得突兀**。

因此我們最先該做的就是「選對單品」。本章中我就要來傳授大家選擇穿搭基本款的具體方法。

略過有個性的服飾

接下來要介紹的單品有一個共通點。

那就是「看起來不會突兀」，**也就是說「普通」是重點**。成熟男性想要在日常生活中給人好感，完全不需要標新立異，也不需要譁眾取寵。

只要穿上普通的衣服，讓整體看起來舒服就夠了。有個性或有特色的單品雖然容易吸引人的目光，但我們必須具備看到這些單品也能不為所動的能力。

這裡介紹的單品全都是男性時尚的基本款，都不是一時的流行，而是長期累積下來的基礎。這類單品不管過多久都不會被淘汰，是歷久彌新的永久經典款。

但我們還是可以看到緩慢的流行，每過幾年就會出現一些小小的變化。因此**不能大量購買，一口氣穿上5年，即便是經典款單品，也要定期更換**。接下來介紹的單品就算家中已經有了，買後3年仍然需要考慮直接換掉。

舊的名牌服飾，比不上新的UNIQLO

接下來要介紹「襯衫」、「夾克外套」等，不管在哪個時代都不會變的基本款單品，這類單品就是UNIQLO的擅長領域。UNIQLO對我們而言，是相當平易近人的存在，任誰都能隨意購買，是日本代表性的流行品牌。因此只要鎖定UNIQLO，思考「要買什麼」，就是踏出時尚第一步的最佳捷徑。

只是這裡要注意一件事，前面也提過很多次，基本款服飾雖然在哪個時代都是經典，但衣服只要穿5年以上就會喪失時尚感。

穿了好幾年老舊衣服，即便是昂貴的品牌，都比不上每2～3年在UNIQLO新買的衣服的時尚感。

重點在於前面強調的「挑選方法」。

每一樣單品的個性都不會太過強烈，光看單品會覺得有「一點點無趣」其實才是最剛好的。

接下來將會附上照片具體為大家說明。

1 選購「襯衫」

「非商務場合」的襯衫穿法

人的視線最容易停留在上半身的單品，最具代表性的就是「（有領）襯衫」和「T恤」。其中「襯衫」又比「T恤」看起來還要成熟俐落、乾淨整齊，因此優先度較高。

成熟男性的時尚應以乾淨俐落為重點，T恤會直接展露身體線條，很難看起來乾淨俐落。尤其年過30之後，身材容易走樣，要用T恤穿出型來，更是難上加難。

可是襯衫的質料本身具有彈性，並且附有衣領，穿起來穩重有氣質。**因此成熟男性更適合在私底下多穿有領襯衫**。

只是襯衫經常在有商務場合時才需要，因此平時穿的時候必須稍微穿出「隨興休閒風」一點。這時襯衫不要紮進褲子裡，看起來會比較不嚴肅，並可適度營造休閒感。

尺寸合身，長度適中

另外一個重點是「尺寸是否合身」。

雖然緊身襯衫一直是近幾年來的經典款，不過最近寬鬆的襯衫又捲土重來。

但成熟男性無須勉強自己追逐潮流，只要**一如往常選擇適合自己體型的襯衫就好**。最理想的尺寸為穿在身上肩膀兩側可以稍微抓起的鬆度。

另外一個容易被忽略的重點為「衣服長度」。

剛才提到休閒用襯衫通常不會紮進褲子

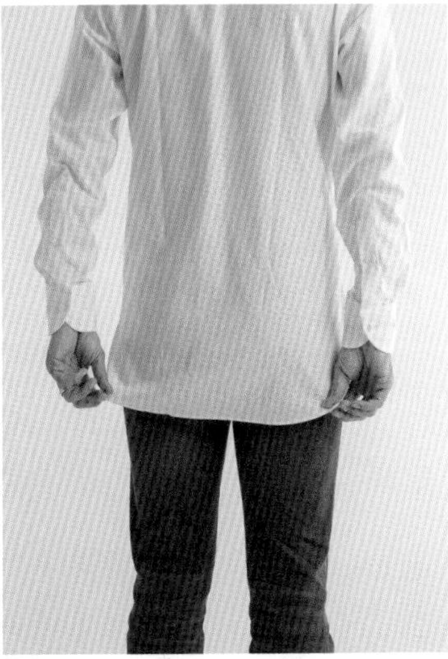
壞的例子。這個長度適合紮進褲子裡。

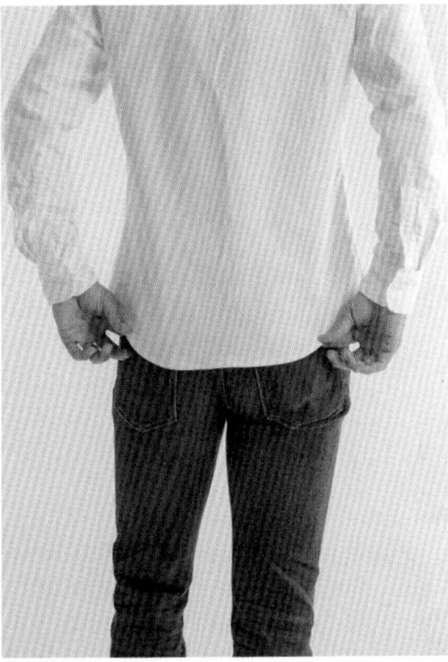
好的例子。不要只顧前面，後面也須確認。

裡面，因此長度過長的襯衫會破壞整體平衡，一定要避免。

各位平常穿的商務用襯衫應該都是差不多可以遮住臀部的長度，這是為了方便紮進褲子裡設計的長度。

另一方面，不紮進去的襯衫最佳長度，請以位於「臀部中間」為標準。若是超過這個部位，請再重新考量長度。

例如現在UNIQLO有「MY UNIQLO（現場刺繡縫製服務）」的修改服務。不但可以改短褲子的長度，也能調整衣服和袖子的長度。正因為襯衫是很簡單的單品，更應該要講究衣服長度。

你應該要備齊的三件襯衫！

第一件應該要備齊的是「**白色的扣領襯衫**（Button Down、BD襯衫）」，這是不管在哪個時代都不會被流行左右，歷久彌新的正統經典款襯衫。

第二件應該要備齊的是「**牛仔襯衫**」。襯衫雖然是看起來很正式的單品，但是只要將材質換成牛仔布，就能立刻添增休閒氛圍。

最後一件需要備齊的是適合夏天穿的「**亞麻襯衫**」。很多人夏天都喜歡單穿一件T恤度日，但T恤給人的感覺太過休閒了，這時只要適度換上有點俐落感的單品，就能立刻展現成熟氣質。

接著讓我們依序來看每項單品。

白色襯衫是
男性一整年都會穿到的
必備單品！

牛津Slim Fit襯衫（UNIQLO）

UNIQLO有兩種白色的扣領襯衫，我推薦的是右圖的「牛津Slim Fit襯衫」。簡約的設計看起來有點單調，但卻是可以搭配各種穿著的百搭單品。這類正統、沒有太多特徵的單品，不會太過寬鬆，因此可以穿出俐落的感覺。

這種衣領的形狀稱為扣領（Button Down），也就是利用鈕扣將領片固定在前片的設計。穿扣領襯衫時請不要解開領片上的鈕扣，另外，第一顆鈕扣基本上可以解開。

剛才也有提到，私底下穿的襯衫若是紮進褲子裡，看起來一定會變得很正式，也會看起來很老成，所以請將襯衫下襬露在外面。雖然是襯衫，但穿的時候無須太過拘謹，可以稍微捲起袖口，展露隨興風格。

穿著重點！

白色襯衫只要搭配藍色牛仔褲看起來就會非常有型。建議可以在白色襯衫外面穿上一件圓領毛衣，外面再套上一件簡約的深藍色夾克外套。外面有夾克外套時，也可以將襯衫露在外面，穿出隨興的休閒風格。

牛仔襯衫是
重要的深色上衣！

牛仔襯衫（UNIQLO）

牛仔襯衫是在休閒場合中相當活躍的好用單品。

這次要介紹的是跟剛才的白色襯衫完全相反的深色，靈活運用這兩種色系，可以給人截然不同的印象。上半身和下半身的色調有明顯對比，看起來會比較時尚有型，這部分之後會在P.166中做詳細解說。因此事先備齊深色和淺色的單品，之後在組合整體穿搭時會更得心應手。

UNIQLO的牛仔襯衫依照色彩濃度，有好幾種顏色可以挑選。深色會比淡色看起來還要整潔乾淨。洗衣服的過程中，顏色也會慢慢褪色，從這幾個角度上來看，選擇深色的單品較佳。

穿著重點！

牛仔襯衫只要搭配灰色褲子，就能穿出成熟氣質。另一方面，若搭配白色牛仔褲做出對比，就能營造出時尚感。外面可以搭配一件同色系的深藍色夾克外套，穿出整體感。但要盡量避免牛仔襯衫加藍色牛仔褲這種上下半身同素材的組合。

夏季大活躍！
亞麻布製品
營造大人的休閒感

亞麻襯衫（UNIQLO）

夏天身上的單品數較少，因此每一樣單品都會給人強烈的印象。這時不要選擇方便的T恤，建議選擇清爽的亞麻襯衫。

亞麻質料容易產生皺褶，但是這種皺褶感反而可以營造出夏天的休閒氛圍。因此有皺褶也沒關係，洗過之後稍微有點變形也無傷大雅。

此外，夏天大家都喜歡穿短袖，但是穿長袖捲起袖子看起來會成熟許多。建議可以選擇顏色清爽的藍白色直條紋款式，或是可以讓身材看起來緊實的深藍色。

穿著重點！

夏天可穿亞麻襯衫搭配短褲，營造整體休閒感。直條紋襯衫適合搭配深藍色素色短褲，深藍色素色襯衫適合搭配白色素色短褲。可以只解開第一顆鈕扣，其他全部扣上，打造俐落感，或是我也推薦鈕扣全部解開，裡面搭配一件橫條紋T恤。

2 選購「下身類衣物」

重視「腳長效果」

基本上人的視線都會集中在上半身，因此下身類衣物可說是不太起眼的單品，所以這也是很多人會偷懶的部分，但若能選對下身類衣物，就會有很大的差別。

下身類衣物的輪廓可讓腳看起來修長，也可以讓人看起來很粗俗。

懂時尚的人都會理解「**流行時尚取決於下身類衣物**」。

因此下身類衣物不能隨便挑選，必須先好好掌握挑選重點。

「過度緊身」是絕對NG

第一個重點是尺寸大小，應該要以不會過度緊身的合身尺寸為目標。最近數年來開始流行「**錐形褲**」，特徵為大腿附近較寬鬆，膝蓋以下會愈來愈細的輪廓。不會過於鬆垮，具有修身效果。雖然具備潮流要素，但現在已經完全成為經典款單品，今後這個潮流應該還會持續一段時間。

UNIQLO的牛仔褲也有很多種類，**一般體型或豐腴體型的人可以選擇「合身系列**（SLIM FIT）**」，纖瘦體型的人，可以選擇「緊身系列**（SKINNY FIT）**」**。「經典系列（REGULAR FIT）」會有多餘的寬鬆感，穿不出俐落感，因此豐腴體型的人也可以從「Slim Fit牛仔褲」開始嘗試看看。

重點是「不過度緊身的窄度」。褲管較窄的下身類衣物較能修飾體型，但**若是穿太緊，會給女性不好的印象**。請特別留意符合自己腿部粗細的合身感。

露出「腳踝」是重點

接下來的重點是長度。重點在於褲襬部分不要有太多皺褶。**在改尺寸時，請改為穿上鞋子時，褲擺剛好有一小褶的長度**。另外建議可稍微捲起褲管，這部分會在第三章做詳細解說。露出腳踝可營造出洗鍊感。

成熟男性經常穿米色卡其褲，但米色卡其褲其實意外地很難駕馭，容易給人老成、粗俗的感覺。想要藉由下半身添加明亮感的話，**不要選用半調子的米色，直接採用「白色」**可一口氣改變整體形象。

你應該要備齊的四件長褲！

第一件應該要備齊的是經典的「**藍色牛仔褲**」。最近的牛仔褲彈性佳，穿起來比以往舒適許多。不僅適合20～30歲的人，40歲以上的人應該也要多多嘗試。

第二件是最近的UNIQLO中，我特別想推薦的「**輕便九分褲系列**（ANKLE PANTS）」。輕便九分褲的褲長原本就偏短，因此可以輕易打造露腳踝的造型。

第三件為「**白色牛仔褲**」。乍看之下是難度很高的單品，但這也是為一成不變的造型帶來極大變化的最佳單品。

最後要介紹的是「**短褲**」。很多人不喜歡露出腿來，對短褲敬而遠之，但其實只要選對重點，就能穿出成熟感。會在意露出腿毛的人，建議可使用GATSBY的除毛刀來調整毛量。

接下來我們就來依序看看這四項單品。

褪色太嚴重的NG！以平易近人的價位購買品質佳的牛仔褲

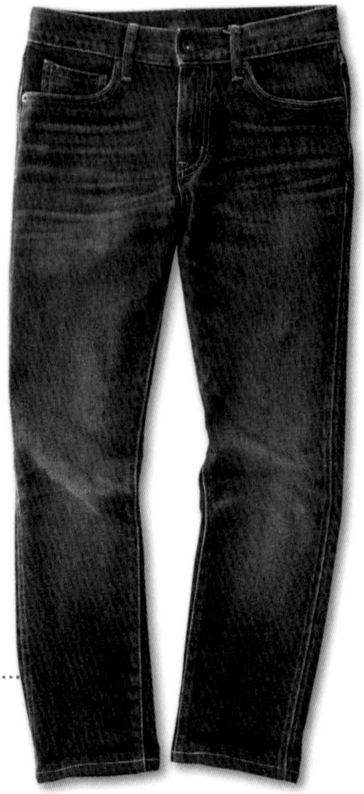

藍色牛仔褲（UNIQLO）

牛仔褲也有緩慢的流行，幾年前的褲子，會開始覺得有點老舊過時。請定期替換新的褲子，拋棄「舊的牛仔褲比較有復古的感覺」這種淡薄的期待。

在選擇牛仔褲的時候，最重要的就是「顏色」。牛仔褲的顏色從沒什麼褪色的深藍色，到褪色得很明顯的淡藍色，範圍很廣。

適合成熟男性的是如右圖這款牛仔褲的顏色，深色中帶有一點褪色是最剛好的程度。雖然有適度的休閒感，但又不會太輕便。或是我也推薦幾乎沒褪色的深色牛仔褲，給人一種乾淨整潔的感覺。

另一方面，絕對要避免褪色過頭的牛仔褲，因為看起來會太過休閒，穿不出清潔感。

穿著重點！

牛仔褲是休閒的下身類衣物，上半身若是搭配有圖案的T恤或是連帽外套等過度休閒的單品，看起來會很孩子氣。請搭配夾克外套、徹斯特大衣或毛衣等穿起來會比較俐落的單品。

運用中摺線
營造成熟風格！

灰色輕便九分褲系列（ANKLE PANTS）（UNIQLO）

UNIQLO的「輕便九分褲系列（ANKLE PANTS）」當中，我特別推薦灰色羊毛風素材的九分褲。灰色長褲雖然是商務場合經常著用的單品，但刻意用在休閒穿著上，反而可以一口氣提升乾淨俐落的氛圍。

順帶一提，羊毛風是指「像羊毛般的質地」，並非實際使用羊毛，因此布料具彈性，比一般羊毛長褲還要好穿很多。

並且和一般長褲一樣有明顯的中摺線，可營造出優雅氣質。外觀看起來雖然是俐落的長褲，但因為褲長較短，因此也可當成假日穿的長褲，這也是輕便九分褲最大的特色。

穿著重點！

輕便九分褲是較為俐落的單品，當便服穿時，如果搭配夾克外套或白色襯衫會太過拘謹。這時可以搭配T恤，添加休閒元素。

此外，和羽絨外套或尼龍夾克外套等運動型單品也非常搭。鞋子也是比起樂福鞋，建議搭配運動鞋看起來會比較休閒隨興。

不穿是你的損失！挑戰白色長褲！但要留意不要太花俏

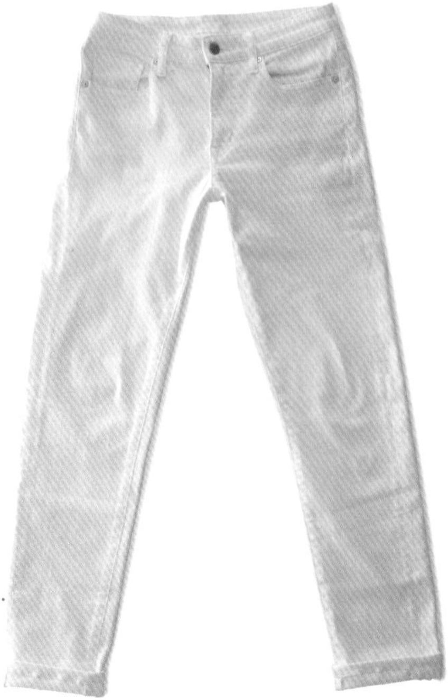

白色牛仔褲（UNIQLO）

「我絕對不要穿白色褲子」，應該有很多人是這麼想的吧？其實會有這個反應是正常的，當人遇到從來沒有經驗過的事時，會有點抗拒是非常自然的事。

白色牛仔褲乍看之下雖然很花俏，但意外地是很好搭配的單品。跟成熟男性的基本色深藍色、灰色、米色、黑色的契合度很高，因此和手邊的衣服都很好搭配。

只是白色牛仔褲容易看起來很花俏，因此要特別注意尺寸大小，選尺寸時要小心不要選到太過於緊身的，褲管也可以稍微捲起來，加入隨興休閒的氛圍，便能減少華麗感。

白色牛仔褲是容易髒掉的單品，因此UNIQLO的價位就可以無所顧忌地購買，盡情地穿它吧。輪廓看起來也很俐落，和一些高級牛仔褲相比，感覺不出太大的差別。

穿著重點！

白色牛仔褲的俐落元素比藍色牛仔褲還要強烈，因此可讓整體穿搭看起來更為清爽，適合搭配牛仔襯衫或深藍色、素色T恤。搭配如BLOCKTECH連帽外套或羽絨外套這類運動型單品的組合也很新鮮。

穿上看起來
不孩子氣的短褲！

短褲（UNIQLO）

UNIQLO有很多方便穿搭的短褲，和選貨店的原創商品相比，一點都不遜色。

最近幾年，褲長位於膝蓋上方的長度成為必備款式，七分褲這種不長不短的長度，反而看起來很粗俗，因此一定要避免。大膽地露出雙腿吧！

基準為比膝蓋的中心高3～4公分左右的長度。最近UNIQLO的短褲大致上都是以這個平衡在設計。順帶一提，雖然更短的短褲也成為了潮流，但對成熟男性來說還是太短了，女性的反應也很普通。因此請選擇「恰到好處的短度」。

顏色可選擇深藍色或白色等色調明確的顏色，看起來會比較成熟。

穿著重點！

建議和P.70中介紹的亞麻襯衫搭配穿，可讓短褲看起來更為成熟。和當季流行的短袖毛衣以及開領襯衫也很搭。鞋子可搭配樂福鞋，添加俐落感。

3 選購「外套」

僅靠一件外套撐不過一個冬天

大衣或羽絨衣等外套是秋冬的主打單品。所佔面積很廣，因此在全身穿搭中，算是最為顯眼的部分。

只是如果選擇設計或顏色太過搶眼的外套，會給人留下「又在穿那件了」的印象，因此建議選擇簡單、不容易膩的款式。

意外的是很多人會想僅靠一件外套撐過整個秋冬。也有人在天氣變冷之後，只靠一件羽絨外套穿到春天來臨。

的確，外套價格較為昂貴，體積大容易佔空間，我可以理解大部分的人不想擁有太多種款式的心情。可是如果想要穿得時尚有型，就必須按照季節和氣候靈活運用不同單品。

當中最值得關注的是「材質」。UNIQLO的外套有各式各樣的質料，大致可分為「**聚酯纖維・羊毛・聚醯胺纖維**」三種。

不同季節應該要換穿不同材質的外套，光是注意到這一點，就能讓穿搭類型變得豐富，給人時尚有型的印象。

加入「運動混搭風」

此外，最近引起話題的是被稱為「**Athleisure（運動休閒風）**」的新潮流。這是合成「athletic」和「leisure」的自創詞，是一種在外出服中積極加入「舒適」元素的思考模式。其他還有「運動混搭風」的說法，但兩者差別不大。在平常穿的衣服中，加入運動服般機能性高的單品已經逐漸成為固定的經典流行。

這股潮流並非近期才開始，而是很久以前就存在的，只是最近幾年這股潮流又變得更為強烈。

因此本書中也會介紹加入運動風單品的穿搭方式。

你應該要備齊的四件外套！

外套所營造出來的氛圍可分成「俐落型外套」或「休閒型外套」。兩種類型的外套都備齊的話，穿搭風格的幅度會變得更為廣泛。

第一件是春天和秋天特別活躍的「**風衣外套**」。雖然是經常用在商務場合上的外套，但和休閒服飾也很搭。設計上雖然很單調樸素，但可加入一點點的隨興風，打造出成熟風格。

第二件是「**徹斯特大衣**」。徹斯特大衣是最近幾年來的流行單品，現在已經鞏固地位，成為必備的經典流行單品，設計特色為將夾克外套的衣長直接縱向加長，是原本多用在商務場合上的復古型大衣。

第三件是休閒外套。剛才介紹的「運動混搭風」，UNIQLO也有發售引入這股潮流的單品，當中的必備單品是「**BLOCKTECH連帽外套**」，這是最適合將經常拿來當運動服穿的尼龍連帽外套當成一般外出服穿的單品。

最後一件是大家耳熟能詳的「**羽絨外套**」。在UNIQLO極為暢銷的經典款單品是「特級極輕羽絨系列」。但是這類人人都在穿的特級經典單品，很難讓人覺得時尚，因此希望各位在UNIQLO挑選的是「無縫羽絨連帽外套」，這可說是成熟男性的最新經典款羽絨外套。

以下將為大家依序說明。

俐落的大衣
可靠立起領子
營造出隨興風格！

風衣外套（UNIQLO）

UNIQLO的風衣外套為聚酯纖維材質，輕巧堅固，防水耐穿。有些人對聚酯纖維沒有什麼好感，但至少看起來不會太過廉價。

顏色方面，初春可選擇米色，初秋可選擇深藍色。光是顏色不同，就能給人截然不同的印象，因此可以先買一件來穿穿看，喜歡的話，再慢慢備齊其他顏色。米色若是用在下身類衣物，看起來會偏老成，但是初春穿上米色大衣，便可營造出整體的氣質穿搭。

將大衣的後衣領稍微立起，加強休閒氛圍，看起來會更加時尚有型。這部分第三章會再做詳細介紹。

穿著重點！

風衣外套看起來會很正式，因此穿出隨興風格很重要，可加入藍色牛仔褲和運動鞋等休閒單品。風衣底下可搭配簡單的圓領毛衣，也可搭配休閒的橫條紋針織衫。

穿上立刻能
展現氣質的
最強成熟風大衣！

徹斯特大衣（UNIQLO）

UNIQLO的徹斯特大衣做得非常優秀，使用的是羊毛喀什米爾混紡的奢華質料，價錢卻壓在1萬日圓出頭，這是UNIQLO才辦得到的事。

在選貨店購買的話，大都會花到3萬日圓以上，因此推薦大家可以積極活用UNIQLO。

好搭配的顏色，就屬深藍色。只要備齊經典色款，基本上就不會出錯。

用在商務場合時，裡面雖然需要一些空間穿夾克外套，但用在休閒的場合，裡面最多搭配一件有點厚度的毛衣，因此，可盡量挑選合身的款式。

穿著重點！

徹斯特大衣的穿法跟剛才介紹的風衣外套幾乎相同。重點都在於盡量組合具備休閒氛圍的單品，來和便服做搭配。可以搭配白色或灰色的圓領毛衣，也可搭配點綴用的牛仔工作襯衫。

穿起來很舒適的運動風單品

BLOCKTECH連帽外套（UNIQLO）

剛才提到了運動混搭風，但只要穿起來舒適，什麼樣的運動風單品都可以嗎？答案是否定的。必須是擁有運動風要素，同時設計簡約有型的單品才行，這是和以往的運動服差異最大的地方。沒有運動品牌的LOGO，反而較能和便服搭配。

UNIQLO的BLOCKTECH連帽外套不但彈性好，穿起來舒適，設計上完全沒有任何多餘裝飾，簡潔洗鍊。

顏色可直接選擇黑色或深藍色，積極地用在平時的穿搭中吧！用在成熟簡約的穿搭中也很適合。

穿著重點！

正因為是運動風的單品，所以更可以搭配白色的扣領襯衫或灰色褲子這類較為俐落的單品，和毛衣也非常搭。另一方面，如果和T恤和慢跑褲等運動風單品搭配的話，看起來則會太過休閒。

減少光澤，
俐落有型的羽絨外套！

無縫羽絨連帽外套（UNIQLO）

UNIQLO的無縫羽絨連帽外套為無縫線設計，外面看不到羽絨外套特有的縫線，為防風防水的構造。沒有多餘的設計為此單品最大的魅力。

原本羽絨外套穿起來容易看起來很臃腫，很難穿得好看，加上羽絨特有的光澤感容易讓人覺得廉價，但無縫羽絨連帽外套採用無光澤的質料，不會有廉價的光澤感，加上俐落修身的剪裁，讓全身穿搭看起來不會很土。和知名品牌的羽絨外套相比並不遜色，因此日常穿的羽絨外套，選擇UNIQLO的單品就已足夠。

顏色選擇深藍色或黑色看起來較能展現氣質。

穿著重點！

休閒度較高，因此搭配俐落的單品為鐵則。可搭配白色毛衣添加亮度，或是深藍色、灰色的毛衣來讓整體變得俐落。下身類衣物也可搭配白色牛仔褲或灰色褲子，達到整體平衡。另一方面，若是搭配樂福鞋，看起來會太過拘謹，因此可搭配運動鞋等，加入運動風格。

4 選購「T恤・POLO衫」

「重疊穿搭」是T恤的基本

P.62的「襯衫」單元中提到，同樣是上身類衣物，「有領襯衫」絕對比「T恤」適合成熟男性。

那T恤需要全面避免嗎？其實不用。只要挑選對單品，使用方法正確，還是能夠活用自如。

首先，**要先避免只穿一件T恤**。

若是身上有肌肉線條，膚色為曬黑的膚色，只穿一件T恤也能很好看，可是三、四十歲，或是五十幾歲的男性要維持這種年輕體型，不是件容易的事。

因此，請拋開「T恤為單穿用」的想法，改成拿來當重疊穿搭時的基本搭配。

例如可在T恤外面搭一件毛衣或夾克外套等較為乾淨俐落的單品。只要將T恤視為重疊穿搭的一部分，成熟男性也能輕鬆使用T恤。

留意「印花T恤」

另外一個需要留意的就是「花紋」。

選擇T恤的花紋必須具備一定的品味。UNIQLO裡有很多稱為UT的印花T恤，要從中選出適合自己的款式，就連身為造型師的我都覺得有難度。

因此乾脆直接決定「**不買UNIQLO的印花T恤**」，才是最符合經濟效益的想法。

不買印花T恤，將目標鎖定在素色T恤上，就不會有重大失敗，也能穿出成熟風格。

你應該要備齊的T恤！

T恤的基本款式有「圓領」和「V領」。該選哪種款式並沒有一個正確答案，因為流行的款式會隨著時代潮流改變。

以前喜好V領的人壓倒性地多，**但最近數年，重視時尚打扮的人開始偏好圓領**。V領因為胸前敞開的關係，容易流露性感氣質，看起來會有點譁眾取寵的感覺。隨興自然的圓領可說是比較符合現代潮流的款式，因此建議選擇圓領。

選擇看起來不會老氣的POLO衫！

適合夏天的上身單品之一就是「**POLO衫**」。POLO衫因為有附領子，看起來比T恤俐落，因此應該有不少人「多少」都擁有幾件吧。

只是POLO衫其實是很難駕馭的單品，因為看起來會很「老氣」，而且會給人「像是剛打高爾夫球回來」的感覺，一旦選不好或搭配不好，很容易看起來土。因此POLO衫不能隨便挑選，一定要謹慎選購。
以下就來看看T恤和POLO衫的挑選重點吧。

成熟男性 適合簡單樸素、質料好的T恤！

SUPIMA COTTON 圓領T恤（UNIQLO）

在UNIQLO應該選擇的是簡單的圓領T恤。尤其「SUPIMA COTTON」是棉料當中相當高等的質料，使用「SUPIMA COTTON」的T恤是CP值最高的單品。唯有UNIQLO這類大企業，才能以如此公道的價格販售「SUPIMA COTTON」。

顏色可備齊經典色款的白色、深藍色和灰色三件即可，黑色看起來會太過華麗，因此深色最好選擇深藍色。

T恤基本上是用在重疊穿搭上，如果無論如何都想要單穿的話，可採用第三章會介紹到的方法，將毛衣披在肩膀上，加入點綴效果。

穿著重點！

將T恤視為重疊穿搭的一部分，外面套上俐落的開襟外套或夾克外套，可立刻提升整個人的成熟氛圍。建議可用黑色V領開襟外套搭配深藍色T恤可提升整體感，或是深藍色夾克外套搭配白色T恤，則可添加對比感。

運用穿法和
顏色選擇擺脫老氣！

DRY COMFORT COLLAR POLO衫 小領・短袖（UNIQLO）

說到UNIQLO的POLO衫，最經典的當然就是色款豐富的「DRY網眼POLO衫」。但穿的人實在太多了，因此我想推薦另外一款「DRY COMFORT COLLAR POLO衫」。

偏小的衣領，看不見鈕扣的雙層領口，簡約的設計，能夠營造出優雅氣質。

穿POLO衫時，衣襬不要紮進去，直接露在外面即可。

此外，雖然基本上第一顆鈕扣要解開，但將所有鈕扣扣上的俐落造型也是現在很流行的穿法。

挑選POLO衫時，需要慎選不會看起來很老氣的顏色和花紋。可以選擇深藍色或黑色等較深的單色。鮮豔或纖細的顏色如果質料不夠高級，看起來就會很廉價。

穿著重點！

深藍色的POLO衫可搭配清爽的白色牛仔褲，營造出對比感。雖然也可以單穿，但外面搭一件開襟外套或夾克外套，看起來會更加時尚有型。POLO衫也可以當作重疊穿搭的一部分。

5 選購「夾克外套」

長大後，需要一件「假日用夾克外套」

夾克外套通常用在商務場合，所以應該很少人會想將夾克外套運用在便服當中吧？但正因為夾克外套是看起來很乾淨俐落的單品，**當成便服來穿可以立刻營造出成熟氛圍**。

很多穿慣西裝的男性，一換上便服就會變得太過休閒，導致看起來很俗氣。隨著年歲增長，會愈來愈不適合太過休閒的衣服，因此在某處加入成熟元素是時尚有型的最佳捷徑。

這時，只要一件夾克外套，就能提升整體格調，穿出氣質，是相當方便的單品。

夾克外套根據不同形狀．素材，也有很多種類。有像西裝那樣嚴肅筆挺的款式，也有像襯衫、毛衣那樣展露輕鬆氛圍的款式。**如果要當成便服來穿，建議可以選擇後者那種較為輕便的款式**。

最近UNIQLO的夾克外套都有修身效果，並且具有彈性，久穿也不會有壓力。最好可以備齊一件不會受到季節影響的夾克素材單品。

夾克外套的唯一選擇！

挑選夾克外套時，就要挑選「**深藍色的素色夾克外套**」。使用西裝外套的基本色款深藍色，可幫便服營造出一定的成熟感。

深藍色也很好配色，因此穿搭時不需要想太多也能穿出整體感，這也是不可錯過的重點。

以下就來詳細說明。

太嚴肅的NG！
舒適好穿最重要

舒適外套 深藍色（UNIQLO）

UNIQLO當中，我推薦的是「舒適外套」。修身的剪裁，無多餘的設計，加上具備彈性的質料，穿起來相當舒適。

西裝用外套的口袋上都會有被稱為「Flap」的「外蓋」，但休閒用的口袋為「貼袋（Patch pocket）」，大多是從外側將口袋貼上的款式，這種口袋縫法可營造適度的休閒感。

此外，右圖這件外套還省去了裏襯和墊肩，穿起來就像開襟外套般輕鬆方便。

加上材質不容易變皺，可毫無顧忌地收在包包裡。

穿著重點！

夾克外套容易給人俐落的感覺，因此重點在於要如何穿出隨興風。外套底下請搭配圓領T恤或毛衣等襯衫以外的單品。當然也可以搭配襯衫，但為了營造出休閒感，請將襯衫衣襬露在外面。下身類衣物以藍色牛仔褲最為契合，是最不會出錯的組合。想再俐落一點的話，可以搭配白色牛仔褲。鞋子如果選擇皮鞋看起來會太正式，這時可以選穿運動鞋。

6 選購「毛衣」

時尚人士經常使用的單品

愈是時尚的人，愈知道毛衣該怎麼穿搭。毛衣（Knit）也就是所謂的毛線衣（Sweater），應該有不少人不曉得該怎麼運用毛衣。

說到毛衣其實並不僅限於冬天穿的厚毛衣，厚度和設計有很多種，每種款式的運用方法各有不同。

以下先簡單說明。

【1】薄毛衣

首先，薄毛衣大致分為三個種類。

・V領毛衣
・圓領毛衣
・開襟外套型毛衣

當中我推薦的是圓領毛衣和開襟外套型。

毛衣跟T恤一樣，**近年來都有圓領比V領時尚的傾向**，因此請優先購買圓領。

至於在前方扣上鈕扣的開襟外套型毛衣，則是不管在哪個時代都不會改變的經典單品，也是初春或初秋等換季時期的重點單品。

【2】厚毛衣

中厚的圓領毛衣是當季流行的時尚單品，可備齊幾件不同色款。

順帶一提，在選貨店購買毛衣，通常都會超過1萬日圓，**但在UNIQLO只要花不到5000日圓，就能買到高品質的毛衣**，可說是CP值最高的單品。

設計也都是符合現今時代的經典款式，因此請積極納入穿搭當中。

只要將毛衣當成T恤輕鬆納入每日穿搭，光是這樣就能立刻給人時尚有型的感覺。

你應該要備齊的兩件毛衣！

第一件是近年來突然一躍成為經典款的「**圓領中針毛衣**」，這就是剛才介紹的中厚毛衣。可以搭配襯衫，穿在T恤外面也很好看。有厚度的毛衣可說是重疊穿搭時的重要單品。單看可能會覺得只是件「普通的毛衣」，但若納入穿搭當中，可讓整身穿起來更加有氣質。

第二件是簡單的「**開襟毛衣**」。這是從以前就存在的無敵經典單品，特色是跟第一件中針毛衣比起來，質料較薄，網眼較小。不但可以穿在T恤外面，穿在襯衫外面也很有型，或是也可在外面加一件夾克外套。開襟外套也是相當適合重疊穿搭的毛衣。

以下將分別詳細介紹這兩款單品。

流行必備款！穿上就能展現氣質的素色毛衣

中針圓領毛衣（UNIQLO）

右頁照片的中針毛衣編織方法豐富多樣，當中我最推薦的是「羅紋圓領毛衣」。羅紋是一種表面凹凸明顯的織法，和編法特徵鮮明的扭繩紋相比，有縱長效果，看起來會比較修長俐落。其他還有像「華夫格圓領毛衣」這類表面充滿紋理的織物也很適合用在休閒穿著。

UNIQLO的毛衣色款豐富，這裡我推薦「深藍色、灰色、白色」這三種顏色，甚至可以備齊所有顏色，搭配起來相當方便。深藍色可讓穿搭看起來更有整體感，白色則適合用在秋冬的暗色調穿搭上，增添視覺效果。灰色為中間色，用在以深藍色為中心的色調上相當適合，所以衣櫃裡的第三件毛衣，我最推薦灰色。

穿著重點！

毛衣底下可搭配圓領素色T恤，讓領口看起來乾淨俐落。穿在扣領襯衫外面，露出襯衫衣領看起來也很時尚。白色的圓領毛衣搭配藍色牛仔褲、深藍色毛衣搭配白色牛仔褲，可營造出層次分明、看起來更加時尚有型的穿著。

薄的開襟外套
一整年都能穿，
是CP值最高的單品！

精紡美麗諾V領開襟外套（UNIQLO）

在UNIQLO，使用精紡美麗諾羊毛製成的V領開襟外套為經典款商品。

和將近3萬日圓的高級毛衣品牌相比，設計、輪廓、質感都沒有太大的差別，UNIQLO的開襟外套已經足夠令人感到滿意，可說是CP值最高的毛衣單品。

覺得「夾克外套穿起來有點拘謹」的時候，只要穿上V領開襟外套，就能營造出恰到好處的成熟氛圍。換季時剛好可以用來當防寒的外套。

顏色建議可選穿深藍色或黑色，看起來會比較俐落。

穿著重點！

深藍色的開襟外套和素色圓領T恤契合度非常高。穿在適合拿來用在點綴的橫紋T恤上也很OK。袖子可以稍微捲起，營造出隨興休閒的氛圍。和任何褲子都很搭，不用煩惱該怎麼組合。另外身穿T恤或白色襯衫時，也可將扣上鈕扣的開襟外套披在肩上。

7 選購「襪子・內搭衣」

「看不見的地方」也要留意

到目前為止，介紹了很多穿搭時的主要「經典單品」，為了讓各位能夠徹底運用UNIQLO，在本章最後，將為大家解說「消耗品」。

時尚達人當中，有不少「衣服會好好投資，但內搭衣或襪子卻會買UNIQLO的商品」的人。**不起眼的服飾配件也是UNIQLO的擅長領域**。

只是，並非隨便哪樣單品都好，能選的東西有限，因此必須先確實理解挑選重點。

【1】襪子

首先是襪子。有很多男性工作時和私底下都會穿同樣的襪子，全部買黑色襪子，以為這樣就能用在所有場合，這樣是不對的，**襪子一定要分成上班用和私下用**。

搭配便服時一定要有「**船型襪**」，這是初春到夏天時必備的單品。

穿上捲起褲管的牛仔褲，稍微露出腳踝的穿搭，若是襪子若隱若現，反而會喪失統一性。這時應該要選穿船型襪，而不是會遮住腳踝的腳踝襪，「完全不讓襪子露出來」才是正確的選擇，這樣腳下看起來也會更加輕盈。

另外，秋冬則需選擇有長度的襪子。選擇足夠長度的襪子遮住小腿，別讓小腿露出來。

灰色和深藍色可搭配所有褲子。

建議可全部統一購買黑色。

這裡我要推薦的是「**50色素面單色襪**」。腳踝以上會露出來的襪子，如果選擇單一黑色，看起來會太沉重，這時可選擇用深藍色或是以灰色為基底的「混色」襪。混色襪在視覺上較有變化，能穿出恰到好處的時尚感。

選擇深藍色或灰色基底的襪子，不管穿什麼顏色的褲子或鞋子都很搭。

【2】內搭衣

接著是內搭衣。內搭衣基本上是以穿在休閒襯衫底下為前提，因此「看不見」是重點。解開襯衫的第一顆鈕扣時，如果會看到裡面穿的內搭衣，就代表這個人還不夠洗鍊，因此一定要小心不要讓內搭衣露出來。

我推薦的是被稱為「**AIRism無縫**」的V領內搭衣。領口為深V款式，不會從襯衫隙縫看見裡面的內搭衣。加上無網眼設計，外面穿上襯衫或POLO衫時，表面也不會凹凸不平，讓人幾乎感覺不到內搭衣的存在，並且能夠快速排汗，除臭效果佳，機能性強也是這款內搭衣最大的魅力之一。

這是省去網眼的設計，因此不會影響穿搭。

顏色可選擇和肌膚顏色相近的「米色」，這是最不顯眼的顏色。只是單品本身看起來可能會覺得有點老氣，如果不想選擇米色，則可以選擇「淡藍色」。白色或黑色意外地會透出來，因此要特別注意。

*

以上介紹了所有經典款單品，本章中介紹的單品全都可在UNIQLO買到。只要備齊這些基本款，便能快速達到符合時代潮流的70分標準。

但這些基本款單品有一個弱點，那就是看起來很「單調」，在下一章中，就要教大家克服這些弱點的要點。

遠離拍賣會和outlet

「今天起50%OFF！」

我們非常容易被這類標語吸引。我可以理解看到便宜的東西就會忍不住撲上去的心理，但拍賣會和outlet都是我們必須要特別小心的地方。

因為我們很容易被便宜兩字洗腦，進而失去冷靜的判斷。正常來說，我們應該要先仔細思考「如果這個商品是原價，我還會買嗎？」可是這種時候，儘管腦中知道需要三思，還是會因為便宜而被吸引。

因此乾脆下定決心「**絕對不要去拍賣會和outlet！**」

更何況成熟男性所需的衣服數量有限，如果一個禮拜只有兩天休假會穿，那就不需要買太多件衣服，要隨時提醒自己「不要隨便多買衣服」。衣服買太多，就會開始覺得每天的穿搭很麻煩，最後就懶得打扮了。如P.55頁所述，正因為如此，我們更應該先認真思考衣櫥裡面應該要備齊哪些衣物。

本書推薦的UNIQLO一到假日，店面也會推出各種打折商品，這些商品想必看起來也相當吸引人。

可是，請直接忽略這些商品，店家想賣的衣服跟我們應該要備齊的衣服是不一樣的。請保持淡然的態度，專心選購本章中介紹的「經典款單品」就好。**不管是多麼便宜的衣服，不穿的話就跟買貴沒什麼兩樣**。請務必了解「因為便宜，所以先買下來吧！」的心態，其實是中了店家的招。

同理，outlet也一樣需要特別留意。我也常去outlet，裡面每件衣服的折扣都驚人，相當地吸引人。我也經常聽到我的客人說他們假日會去outlet大採購，只是看了他們買回來的衣服後，我只能很遺憾地說，裡面幾乎沒有優秀的商品。

outlet裡面賣的大都是拍賣會上賣剩的商品，想從中找出適合成熟男性的經典款服飾簡直比登天還難。我自己從來沒在outlet上買過自己穿的衣服，因為要在outlet選到好衣服真的很不簡單。

打再多折的衣服，從旁看完全不會知道，對方只會看整體好不好看而已。**無論再便宜的衣服，只要看起來不好看，就只是一種自我滿足而已**。

接下來想要好好打扮自己的各位讀者，最好先遠離拍賣會和outlet，聚精會神地以原價購買經典款單品吧。

比起花費力氣省這些錢，你應該專注在如何打造一個有效率的衣櫥。你的目標請設定在衣櫥裡面沒有一件不會穿的衣服，不浪費任何空間。這麼一想，儘管在UNIQLO，應該也能認真挑選衣服了。

第三章

加入「點綴」，目標80分以上

加入「點綴」，擺脫「太過平凡」

70分的時尚仍然算「普通」

前面向大家傳達了「流行時尚最重要的不是穿搭，而是選擇單品」的概念。

並且在第二章中介紹了穿搭的基本經典款單品。

這時會出現一個問題，那就是經典款單品雖然百搭，但一方面又會有看起來「**太過平凡**」的現象。

也就是說，這類單品雖然不容易出錯，但很難讓人感到時尚。

因為比起太過普通的單品，我們總是會在發現「與眾不同」時，才會覺得這個人「很時尚有型」。經典款單品徹底排除了所有「與眾不同」的要素，內行的人或許看得出來，但大部分的人基本上看不出基本款單品的好。

製造「視覺上的點綴」

這時的重點就是本章的主題「點綴效果」。

請比較看看左邊兩張圖。若是能製造視覺上的點綴效果，就能讓比較多的人發現「這個人看起來很時尚有型」。

70分穿搭。簡單有型，其實這樣的裝扮並不差，只是缺少一點樂趣。

80分穿搭。隨興的穿著，營造出洗鍊的時尚風格。

先以經典款單品當作穿搭的基礎，接著加入點綴，調整全身造型的呈現方式。

這就是時尚打扮的正確順序。

只是，如果基礎還沒打好，就使用過多點綴，會讓整體均衡變得很差。

這也是大多數的人容易穿搭失敗的原因之一。

避免「過度」，「2～3成」為佳

那麼，點綴效果具體來說到底是什麼呢？

點綴效果主要有「**隨興風格**」、「**顏色和圖樣**」、「**配件**」、「**特色單品**」、「**潮流單品**」五種。

只要將這些元素加入造型當中，就能在平凡到不行的穿搭裡，製造視覺上的點綴效果。

既然要打扮，那就不要淪為自我滿足的穿搭，讓別人也能發現自己的「時尚」會更高興吧。

這些都是能讓他人也感到時尚的重要過程，請務必好好學習每一個步驟。

此外，在加入點綴效果時，也必須注意加入的「比例」。若是在全身上下加入一堆點綴，反而會喪失點綴效果。也就是說，必須避免「過度」。

在經典款單品後呈現的「70分的穿搭」中，加入2～3成點綴，這樣的比例才能讓這些點綴效果發揮作用。

因此重點在於「不經意地」加入點綴。

這些點綴就像是在太過平凡的穿搭中，最後加入一些調味料調味的感覺。只要這樣一個小小的步驟，任誰都能輕易打扮得時尚有型。

以下將一一進行具體的解說。

1精通「隨興風格」

簡單營造隨興風格的「四種方法」

首先教大家一個活用之前備齊的單品，製造出點綴效果的方法。
也就是「隨興風格」。主要在穿經典款單品時，加入一點小巧思，便能讓造型產生變化，以下介紹四種方法。

【1】捲襯衫的袖子

襯衫是可以輕易穿出俐落感的單品。
通常用在商務場合居多，如果想當成便服來穿，則需要加入一些小巧思。

這裡想介紹的活用方法就是「捲袖子」。單穿一件襯衫時，解開袖口的鈕扣，隨興地捲起袖子。露出手臂就能將襯衫穿出隨興風格。

捲袖子有一個小訣竅。

先捲起一大片袖口，再往上反覆捲1～2次。如左圖般，**讓袖口看起來有點隆起是看起來最理想的狀態**。

仔細觀察擅長打扮的人，會發現他們大部分都會捲起袖子，因此請務必嘗試看看。

P.66中介紹的「白色扣領襯衫」也是只要捲起袖子，看起來就會很不一樣。露出的手臂上，若是能加入手錶或簡單的配件，看起來會更加時尚有型，這部分之後會再詳加說明。

【2】捲褲管

第二個要介紹的隨興風格為「捲褲管」。

P.78中介紹的ANKLE PANTS因為原本就是九分褲，因此腳踝可自然顯露出來。

為什麼我會想推薦這款褲子呢？因為近年來

露出的範圍以「手肘以下的手臂」最為理想。

很流行乾淨俐落的褲子長度。

因此比起多留一段長度的褲管，稍微露出腳踝，同時能穿出隨興風格的長度看起來比較符合現在的流行。這類長褲也在不斷增加。

藍色牛仔褲和白色牛仔褲也是一樣。比起留下一大片褲管，**剛好能在鞋子上方捲出「一小褶」的長度是最為理想的狀態**。

若想營造出輕盈的感覺，可以4公分寬度捲起數次，稍微露出腳踝。光是這樣，就能在普通的牛仔褲上點綴出「隨興風格」。

這時要注意的是襪子。襪子如果露出一半會不太好看，因此春夏期間最好穿「船型襪」，盡量別讓人感覺到襪子的存在為佳。

秋冬期間捲起褲管後，腳踝處露出「50色素面單色襪」看起來也會很時尚。這些都是能夠輕易打造隨興風格的方法，請務必嘗試看看。

捲褲管的次數，捲一次看起來比較成熟，捲兩次以上看起來比較休閒。

【3】立起大衣領子

P.88頁中介紹了春秋非常活躍的風衣外套。風衣外套也是設計上沒有太多特徵、感覺很正式的單品。

若是想在穿法上加入一些變化，可試試看「立起大衣領子」，不但可減少正式的感覺，還能加入休閒的氣息。

立起大衣領子的重點在於不要弄得太過花俏。首先先立起整片衣領，再將前方領子往下壓。

如此一來，**就會變成只有後方領子立起來的狀態，這樣看起來就不會太過花俏，均衡有型的立領造型就此完成。**

當然這不是非做不可的事，只是在穿風衣外套時，如果覺得太過平凡，就可以嘗試看看。

想要營造出假日休閒的氛圍，「立起大衣衣領」效果就會很好。

【4】毛衣掛在肩上

最後要介紹難度稍微高一點的隨興穿搭風格。

P.114中介紹的V領開襟外套如果不直接穿在身上，而是掛在肩上，就能當成點綴來使用。

雖然這種造型經常被調侃「看起來很像電視台的製作人」，但只要在太過平凡的穿搭中，加入基本色款的單品，就能立刻突顯時尚感。方法很簡單。先將開襟外套的所有鈕扣都扣上，並沿著腋下的線條往內折，再直接披在肩膀上就完成了。

若將開襟外套的袖子部分綁在前面，就會有「製作人的感覺」，**因此讓袖子自然向下垂看起來會比較自然**。

這也不是必備的穿搭方式，可等開始打扮出樂趣後再嘗試，現在可以先將這個方法放在腦子裡。

愈是樸素的穿搭，愈適合「將毛衣掛在肩上」。

2 精通「顏色和圖樣」

只能選「深藍和素色」嗎？

前面一直告訴大家「顏色」要以深藍色為主，「圖樣」要以無圖案為主。

那除此之外的都應該要避免嗎？其實不然，顏色和圖樣也可以加入點綴。

只是**如果選擇太花俏的顏色和圖樣，容易淪為自我滿足**，因此請先掌握幾個重點。

【1】點綴色

想在平常的穿搭中簡單加入一些變化時，可以加入「點綴色」。

聽到「點綴色」，可能很多人腦中會浮現出紅色、黃色、綠色這類「鮮豔的原色」，但這些顏色衝擊太大，不適合搭配基本款服飾，會破壞整體穿搭平衡。

點綴色並不是單指那種亮眼的顏色，只要和旁邊的色調相比，稍微能夠吸引目光的顏色，都可以當作點綴色。

成熟男性應該積極使用的點綴色為之前也介紹過的「白色」。白色不但是經典色，在深藍色和灰色等較暗的顏色當中也是會特別亮眼的顏色。只要在身上的某處加入白色，就能立刻點出明亮的感覺。

上半身搭配白色單品，馬上營造出清爽的感覺。

而且白色應該是最為大眾、任誰都能輕易採用的顏色。例如P.80中介紹到了白色牛仔褲。平常穿藍色牛仔褲的人，光是改穿白色牛仔褲，就能立刻給人洗鍊的印象。

此外，P.112頁中介紹的白色圓領毛衣，也能為上半身穿著添加明亮的感覺。還有不可忘記的是腳下的時尚，**利用白色運動鞋為腳下添加明亮感也是推薦的穿法之一**。

成熟男性總是會傾向暗色系的穿搭，因此建議可以在身上某一處加入白色當點綴。

RELAX FIT POLO衫

水洗條紋圓領T恤（長袖）

水洗條紋圓領T恤（短袖）

【2】橫條紋＆直條紋

在無數的圖案花紋當中，任誰都能輕易使用的，就是簡單的「**直條紋**」和「**橫條紋**」。這兩種條紋不管怎麼看都不會太過突兀，可以積極使用。

P.70介紹的亞麻襯衫直條紋看起來很清涼，推薦給大家。直條紋可選擇藍白條紋，線條不要太粗，間隔均等為佳。單穿也會很有點綴效果。

此外，橫條紋也是在穿搭中加入休閒感的最佳單品。**當全身上下打扮得太過花俏時，正是橫條紋單品登場的時候**。

建議顏色可以選擇深藍色底色、白條紋的單品，看起來會較為成熟。請添購上圖的T恤、長袖針織衫和POLO衫等單品。比起單穿，穿在夾克外套或大衣內側，可為整體穿搭添增休閒感。

3 精通「配件」

「七種配件」全制霸

本書中不斷反覆告訴各位「點綴物品應該要最後再加入穿搭中」，而**「配件」可說是最適合最後加入的單品**。

一開始先組合經典款上衣和褲子當作穿搭基礎，覺得不太夠的話，再加入配件調整整體穿搭。這是最不會出錯的打扮方式。

這裡將要介紹最能發揮點綴功能的七樣配件，包括「鞋子」、「包包」、「帽子」、「首飾」、「手錶」、「眼鏡・太陽眼鏡」、「圍巾」。

【1】鞋子

配件當中，「鞋子」扮演了很重要的角色。

有很多男性都認為「只要舒適，穿什麼都可以」，但這其實是很大的誤解，因為只要看腳下，就可以看出一個人到底會不會打扮，鞋子就是如此重要的配件。鞋子和衣服一樣有緩慢的流行，因此也請定期替換。穿了5年以上的鞋子，就請直接丟掉吧。

挑選鞋子時需要注意的重點是「**鞋子和褲子的搭配**」，看是要選擇和褲子相近顏色的組合，還是要選擇對比色，增添點綴效果。

首先希望大家可以備齊的是簡約的「**白色皮革製運動鞋**」。設計上沒有任何特徵的樸素皮革製運動鞋才是最適合成熟男性的單品。運動鞋雖然是休閒的單品，但因為是皮革素材，可保有成熟洗鍊的感覺。搭配藍色牛仔褲或灰色褲子能夠營造出強烈的對比

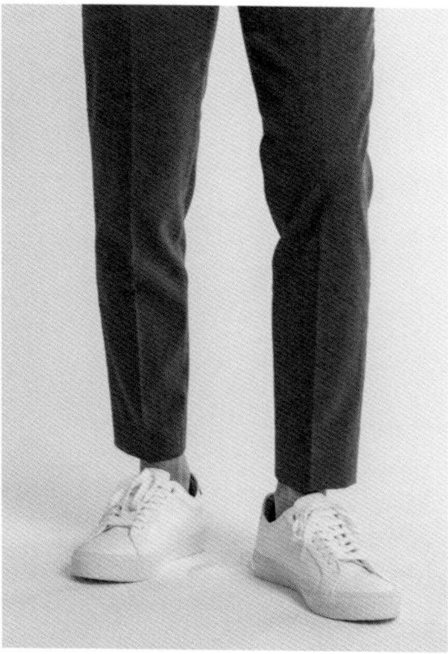

「白色的皮革製運動鞋」是添增腳下明亮感的必備單品。

感，只是白色牛仔褲的搭配難度較高，最好避免。

擅長白色運動鞋的流行品牌是「ZARA」，「ZARA」有在販售前頁介紹的樸素皮革製運動鞋。鞋子等配件並非UNIQLO的擅長領域，因此可透過ZARA來補足這點。

接著需要備齊的是和白色運動鞋呈對比的「**黑色運動鞋**」。這是為了增添整體氣質用的單品。

黑色運動鞋也要選擇樸素的款式。即使是如右下圖般休閒感強烈的懶人款，只要選擇黑色皮鞋，便能讓整體造型看起來更俐落。

「懶人鞋」可選擇黑色皮鞋款式，可營造整體成熟風格。

「樂福鞋」是也能搭配休閒褲子的萬能單品。

可搭配白色牛仔褲營造出強烈對比感，也可搭配藍色牛仔褲或灰色褲子，統合整體造型，便可達到腳長效果。

成熟男性的穿著除了休閒的運動鞋之外，還需要優雅俐落的鞋子。

這時需要的是「**樂福鞋**」。

樂福鞋在皮鞋當中是能夠釋放出適度休閒感的單品，因此和藍色牛仔褲或白色牛仔褲搭配契合度也很好。整體穿搭太過休閒時，請務必加入樂福鞋。

款式簡單的樂福鞋可在「GU」購買。而且價格都在3000日圓以下。

雖然近看可以看出質感的差異，但沒有人會這麼仔細看鞋子，因此只要購買GU的

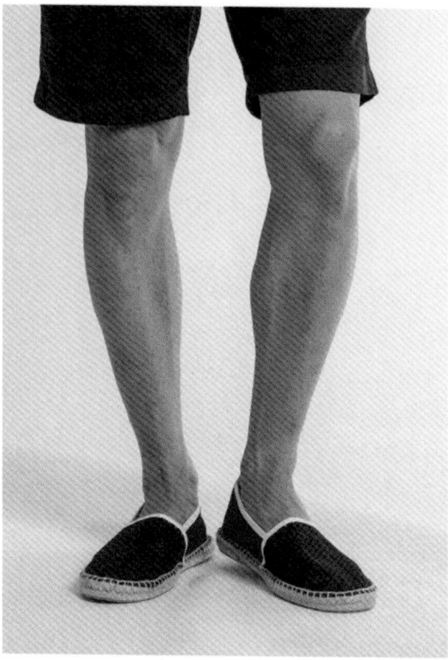

夏天選穿「三色法國旗」的顏色，可增添點綴效果。

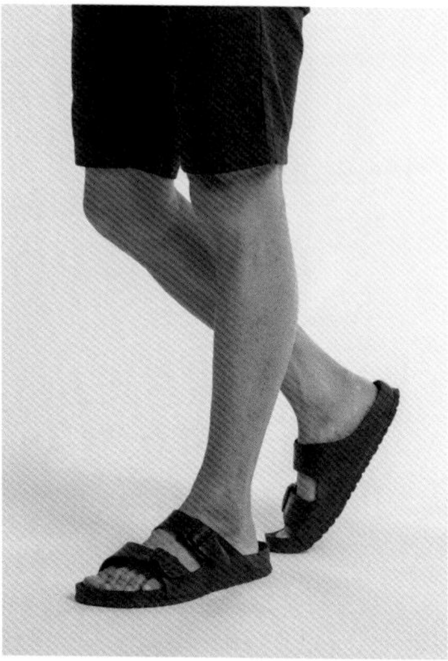

隨興的「拖鞋」，只要選穿黑色，便能為整體造型增添成熟感。

樂福鞋，便足以統整整體穿搭。只要有一雙樂福鞋，就會非常方便。

此外，夏天可以當作點綴的「草編鞋」和「拖鞋」也最好能夠備齊。草編鞋是有渡假感的鞋子。在ZARA或GU只要2000日圓左右就可以買到。和亞麻襯衫或短褲的契合度相當高。

拖鞋則是推薦勃肯鞋的「亞利桑那」經典款。當中使用EVA材質的經典款只要4000多日圓，是相當容易入手的價格。顏色選擇黑色的話就不會太過休閒。

僅僅只是換鞋子的款式，就能使打扮給人的印象完全不同。不再只用一雙鞋走天下，保持3～4雙鞋可以搭配不同的穿搭吧！

【2】 包包

接著是「包包」。這也是用對方式就能發揮點綴效果的單品。不管打扮得再有型，**一旦背上斜背包，就會立刻顯老氣**。

比起斜背包，「肩背托特包」較能營造整體氣質。

成熟男人需要的必備單品是「**樸素的托特包**」。

這是能夠增添氣質，營造成熟風格的單品。拿太小的包包看起來會有點娘，因此不能拿太小的包包。可是選貨店的皮製包包通常都會超過1萬5000日圓，叫人很難出手購買。

因此我想推薦的是**GLOBAL WORK的「人造皮革托特包」**。

我看過各種的皮革托特包，但老實說，就算近看也感覺不太出來質感的差異。因此如果5000多日圓就能買到這種品質的包包，那可說是CP值最高的皮革風托特包了。

GLOBAL WORK跟UNIQLO一樣都是全國各地都有、相當平易近人的店。要尋找樸素簡約的包包最適合來這間店尋找，請務必親自造訪看看。

另外一個可當作點綴用的包包就是「**手提包**」。雖然也是一種潮流單品，但只要將平常用的包包換成手提包，就能立刻達到符合現今時代的流行時尚。

這件單品本身就具備點綴的要素，設計和顏色盡可

活用「手提包」，盡量避免將錢包塞在口袋裡。

能選擇簡單樸素的為佳。

GU的手提包雖然是人造皮革，但做得非常精良。跟真正的皮革相比幾乎看不出差別，品質之高相當驚人。

價格也在2000日圓以內，相當適合買來當點綴用配件。

包包並不是UNIQLO擅長的領域，因此可有效運用GU、GLOBAL WORK、ZARA等店。

【3】帽子

接著要介紹的是「帽子」。

這是配件當中，讓人感覺門檻最高的單品。我向客戶推薦帽子時，也經常有人會露出「這好像不太適合我……」的反應，而拒絕這個提議。

至於帽子是不是真的那麼難駕馭的單品，其實不然。

「看不習慣」是覺得帽子不適合的最大原因。一開始會覺得不自然是很正常的，但只要多戴幾次，就可以逐漸習慣自己戴帽子的模樣。請務必嘗試看看。

我自己也很喜歡戴帽子，假日幾乎100%會戴著帽子。我戴帽子的原因不是因為造型，而是因為假日很懶得整理頭髮的關係。因此只要在睡亂的頭髮上直接戴上帽子，就能馬上變得「有型」。

因此大家在戴帽子時，**不需要覺得一定得戴得非常時尚有型，只要想著是為了「遮睡亂的頭髮」，抱著輕鬆的心情就行了**。

帽子的種類也是五花八門。當中我最推薦的是「**漁夫帽**（hat）」。這聽起來就像是高門檻的代名詞，但其實實際比較之後，會發現漁夫帽其實是一款任何人都可以駕馭的單品。

挑選時可選擇設計上沒有多餘的裝飾，顏色也建議選擇簡單的深藍色或黑色。

帽緣寬度大約5公分左右，不要太寬的看起來比較有成熟感。

戴帽子的重點在於，要將瀏海確實藏在帽子內側。

戴的時候可用手將頭髮往上撥，將瀏海撥進帽子內側。

戴「漁夫帽」時，露出寬廣的額頭面積，看起來就不會太花俏華麗。

額頭請露出3～4公分。像這樣的一點小巧思，就能讓帽子戴起來好看很多。

穿搭方面，將夾克外套這類俐落的單品搭配帽子，便能添增華麗感。搭配T恤或短褲等夏天的輕便裝扮，更能讓帽子發揮其作用。當穿著太過休閒時，加頂帽子就能添增俐落感。

另外一個推薦品為「**毛帽**」。

這也是感覺門檻很高的單品，但請想辦法讓眼睛看習慣。毛帽和漁夫帽相反，是較為休閒的帽子，只要備齊兩種極端的帽類，穿搭的幅度也能變得更為寬廣。

毛帽和漁夫帽相反，想在穿夾克外套和襯衫時添加隨興風格時，戴上毛帽剛好能夠達到均衡。

戴毛帽時也需露出額頭3公分，並將瀏海藏在帽子裡。

順帶一提，**漁夫帽和毛帽皆可在UNIQLO買到**，可隨意去選購。

在俐落的穿著中加入「毛帽」，可增添休閒感。

【4】首飾

「成熟男性需要戴首飾嗎？」當然不是絕對的。但身上若是有首飾，看起來會比較時尚也是真的。開始覺得平常的穿搭一成不變時，就可以戴上首飾。

首飾的種類五花八門，但成熟男性適合的首飾是「簡單的手鍊」。

左手戴手錶，右手戴手鍊，這樣的均衡組合看起來就不會太過花俏。對於春夏會露出手臂的穿著，首飾可當作不錯的點綴用配件。

此外，**耳環、戒指、項鍊的難度太高，因此請搭配手鍊就好**。

我推薦的手鍊是最近幾年很流行的繩狀手鍊。日本的AEON購物中心裡有個以成熟男女為對象的休閒品牌「**BAYFLOW**」就有不錯的款式。在選貨店買幾乎都會超過1萬日圓，但在BAYFLOW只要3000日圓左右就能買到。

顏色可選藍色基底的簡單物品。

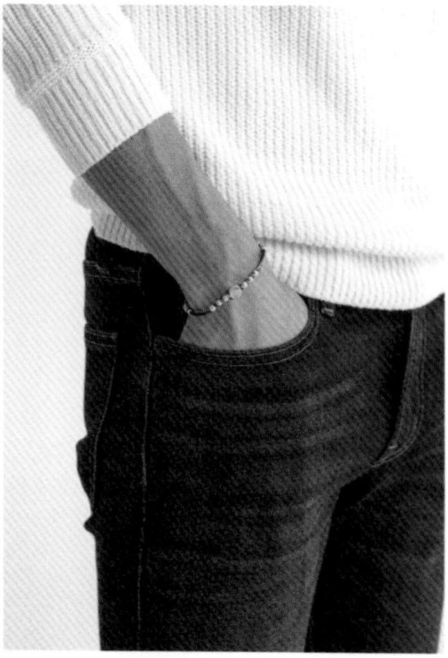

簡約的衣服搭配「手鍊」搭配融洽，看起來不會引人反感。

[5] 手錶

右手戴手鍊的話，左手就帶「手錶」。

最近「故意不戴手錶」的男性愈來愈多。現在手錶的**裝飾性已經大於功能性了**。有些男性不好意思戴首飾，但戴手錶就沒問題。

話雖如此，有能力在手錶上投資好幾十萬日圓的人有限，因此可先在不勉強的範圍內，將手錶納入點綴造型的一環使用吧。

若要先選一只手錶的話，我推薦很有男子氣概的「Military Watch」。不但有恰到好處的休閒感，也很適合搭配隨興的夾克外套造型。

若想要盡可能地壓低價格，可選擇**TIMEX的「Camper系列」**。不到1萬日圓就能買到，不管在哪個時代都不會改變正

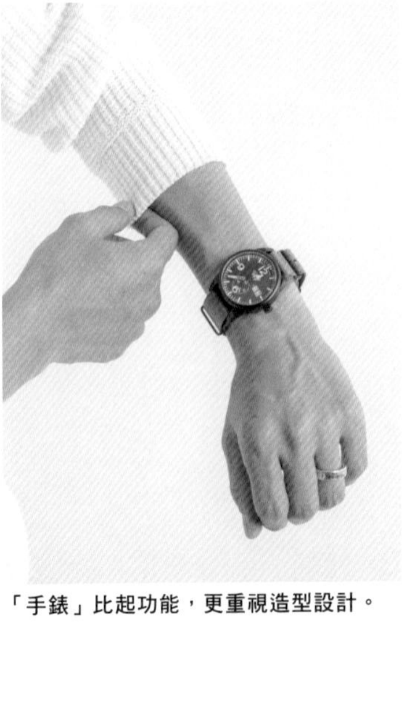

「手錶」比起功能，更重視造型設計。

是經典款式的魅力所在。

若想再多投資一點的話，則推薦TECHNE的手錶。如右圖，這款品牌的手錶款式在男性本色當中還能彰顯氣質。

請先隨意挑選3萬日圓以下的手錶吧。

【6】眼鏡・太陽眼鏡

若是平常有在戴眼鏡的話，眼鏡也是相當重要的時尚單品之一。人的視線容易集中在上半身，因此會特別聚焦在眼睛位置的眼鏡上。因此眼鏡必須精挑細選，不能隨便亂挑。

視力不差的人，也可購買無度數眼鏡，當作造型的一部分。

穿便服戴眼鏡時，**最好選擇「塑膠」材質的眼鏡**。金屬框會給人商務場合的印象，因此ON和OFF最好選用不同材質的眼鏡。

形狀可選擇「威靈頓框」或「波士頓框」等較為古典的鏡框。實際比較之後，選擇適合自己的款式。

最近有很多低價搭配鏡片販售的眼鏡行，**我推薦的是「JINS」**。JINS和

UNIQLO一樣都是擅長早一步掌握流行，並以低價位售出的品牌。經典款的「JINS CLASSIC」也不錯，但我特別想推薦世界級產地鯖江生產的「**CELLULOID meets Sabae**」。將近2萬日圓就能買到這種品質的眼鏡是相當可貴的事。臉部附近的單品都相當顯眼，因此建議儘管超出手頭預算，也要加以投資。

此外，對許多男性而言，還不是很習慣的就是「太陽眼鏡」。

「出國旅行或開車時還可以，其他時候就有點……」幾乎很多男性都會這樣想。

但為了度過一個舒適愉快的夏天，添購太陽眼鏡是絕佳的選擇。太陽眼鏡跟帽子一樣，重點在於「是否看得習慣」。因此只要多戴幾次太陽眼鏡，習慣自己戴太陽眼鏡的樣子，就很難再回到沒有太陽眼鏡的夏天了。

希望大家可以輕鬆嘗試的是UNIQLO的太陽眼鏡。只要1500日圓左右就能買到品質不錯的太陽眼鏡。

我特別推薦塑膠和金屬組合而成的「**複合框太陽眼鏡**」。設計簡單，材質也很符合現今潮流。

除了戴起來之外，也可以放在夾克外套的口袋裡，或是掛在襯衫、T恤的領口上，當作穿搭的點綴使用。

【7】圍巾

冬裝當中最醒目的就是「圍巾」的存在，因為圍巾和眼鏡一樣，都是靠近臉部、容易進入視線範圍的單品。

UNIQLO也有很多簡單的款式，但不可否認作為點綴單品，這些圍巾看起來有點欠缺趣味。

購買圍巾時，可以選擇我在推薦鞋子項目中也介紹過的ZARA，那裡有很多不會太過單調且方便好用的圍巾。只要選擇如左圖以灰色或藍色基底的格子花紋，就能營造出恰到好處的點綴效果。

■ 圍巾的打法

讓兩端一樣長。

在脖子上繞一圈。
讓左右兩邊一樣長。

將右側端繞到圈圈內側。

讓左右兩邊一樣長，
塞進大衣裡面即完成。

圍巾不要選擇太薄的，稍微有點厚度較能呈現出立體感。

特別是冬天常穿的徹斯特大衣因為領口是敞開的設計，利用有厚度的圍巾填滿這個空間，看起來會比較時尚有型。

圍巾有很多種打法，請參考前一頁的圖。

不需要採用太過講究的打法，只要在脖子上圍一圈，再將剩下的部分塞入大衣內側，看起來就相當洗鍊有型。

4 精通「特色單品」

用「UNIQLO以外」的單品來滿足玩心

備齊基本款單品後，可以再來慢慢嘗試其他有特色的單品。只要在基本的穿搭中，加入一項特色單品，便能製造視覺上的點綴效果。

這裡要介紹的是「**牛仔工作襯衫**（Western Shirt）」。跟P.68介紹的牛仔襯衫相比，設計上比較有特色，這是從以前就存在的經典單品，因此不會有太花俏的感覺。

像這樣稍微加入一點具備玩心的單品，便能為整體穿搭加入點綴效果。上半身外面可套一件大衣或夾克外套，和俐落單品混搭，調整整體均衡。

「印花T恤」盡量選擇簡單的設計，重疊穿搭。

「牛仔工作襯衫」可搭配較為俐落的單品。

此外，P.96的介紹中，一直要大家盡量選擇素色的T恤，但**如果是簡單的印花T恤，也可以搭配在成熟的穿搭中**。

以白色或深藍色為基底的簡約T恤可適度在穿搭中加入休閒感。

重點是只要在T恤外面套上一件夾克外套或開襟外套，便能營造出一定程度的成熟氛圍。

順帶一提，「在哪裡購買」這些特色單品相當重要。UNIQLO雖然在基本款單品上口碑相當好，但特色單品可說是UNIQLO不擅長的領域。

我推薦可以到P.145頁介紹的「BAYFLOW」購買。美國西岸是近年來引領時尚潮流的聖地，BAYFLOW是擅於引進當地時尚潮流的品牌。

設計優良的牛仔工作襯衫和印花T恤應有盡有。

備齊基本配備後，下一個階段就是要積極添購這些特色單品。

套上開襟外套，便能營造恰到好處的點綴效果。

搭配俐落的長褲，達成整體均衡。

5 精通「潮流單品」

「不經意地」引入潮流

本章最後要介紹的點綴單品就是「潮流單品」。時尚業界中，除了存在著永恆不變的「經典」之外，還有順應每個時代的潮流（流行）。

「**追著流行跑感覺很俗**」，我經常聽到這樣的聲音，但跟以前相比，現在的價值觀多元多樣，很難引起人人都知道的流行。

因此，即便是流行，通常也只會有一部分的人知道，幾乎所有流行都是大家不知道的。因此比起「完全不追流行」的態度，「適時納入流行」反而更有時尚感。

隨著年齡增長，我們會開始不喜歡改變，老是穿著同樣的衣服。正因為如此，穿上符合現今潮流的流行裝扮更顯得有價值。

便宜才更應該要「嘗試」

那我們該如何納入流行呢？答案很簡單，運用UNIQLO就行了。UNIQLO正是早一步為我們帶領潮流的最強品牌。

所謂的潮流一開始只會有一小部分時尚的人共享，但隨著時間流逝，會逐漸擴散到一般人身上，其中最大的關鍵，就在於UNIQLO。**只要UNIQLO當成商品販售，就能讓流行立刻變得普及**。

一開始可以先從UNIQLO推薦的潮流單品開始嘗試。UNIQLO販賣的商品價錢都很平易近人，門檻感覺沒這麼高。

以下介紹幾項現在的潮流單品。

「短袖毛衣」是適合成熟男性的最新經典款單品。

【1】短袖毛衣

近年來，「短袖毛衣」漸漸成了潮流。毛衣原本應該是春秋等換季時期的重要單品，現在將毛衣做成短袖，當成夏天也能拿出來穿的短袖毛衣。

單穿一件T恤雖然不適合成熟的穿搭，但如果是短袖毛衣的話，因為衣服有厚度，可以遮住身體的線條。

毛衣營造出來的氣質和成熟風格，都很適合成熟男性的穿搭。

【2】開領襯衫

此外，「開領襯衫（OPEN COLLAR SHIRT）」也是近年來的潮流單品之一。跟夏威夷襯衫和保齡球襯衫一樣，具備復古的設計。

街上也可以看到很多中年大叔穿這類襯衫，所以大部分的人都不覺得這類襯衫很時尚，但其實最近幾年的潮流單品中，經常出現開領襯衫。

「開領襯衫」選深色的單品可增添成熟風格。

實際穿上後，會發現穿法很簡單，**深藍色或黑色的開領襯衫搭配白色牛仔褲，或是深藍色短褲都會很有型**。看是要直接穿出對比感，還是都用深色營造整體統一性都可以，意外地是相當好用的單品。

只要在全身上下中使用一樣這類潮流單品，再和第二章中介紹的經典單品混搭，就能搭配得很好看，不會有任何突兀感。為了擺脫「平凡普通」的無趣，請務必嘗試加入潮流單品當點綴。

成熟男性的髮型

思考服裝造型的同時，也需要顧及到「髮型」。和人見面時，最先會映入眼簾的地方，都應該要投注最大的心力。這麼一想，髮型也是相當重要的一個部分。

本書開頭也提到，**無論造型打扮得再出色，髮型如果很普通，那就功虧一簣了**。應該要將髮型也視為造型的一部分，用心設計。

那麼成熟男性應該要以什麼樣的髮型為目標呢？

成熟男性的髮型不需要受到流行影響，也不需要特立獨行，更不需要染頭髮。跟前面介紹如何挑選衣服的重點一樣，只要不被扣分就算OK。請以乾淨整齊、看起來順眼的髮型為目標。

適合成熟男性的髮型是兩側和後方要清爽俐落，並且要將額頭露出來的造型。這是不管在工作場合或私底下都很適合的髮型。

整體長度可以按照自己喜好即可，但「**兩側和後方清爽俐落，露出額頭的造型**」是適合所有成熟男性的共通髮型。

想像不太出來的人，可多多運用網路資源。「**メンズビューティーBOX（Men's Beauty Box）**」這個網站介紹了很多髮型範例，有適合商務場合的髮型，也有很多適合成熟男性的髮型。

「メンズビューティーBOX（Men's Beauty Box）」

https://www.beauty-box.jp/style/business

可以參考這個網站，決定髮型的方向。名次高的髮型大多適合所有人，可以將照片存在手機裡，再跟髮型師討論該怎麼剪。

男性很容易都到同一間店，要求剪同一種髮型。要換一個和平常不一樣的髮型的確需要勇氣，但請藉由這個機會，勇敢地踏出新的一步吧。只要能擺脫「平常的髮型」，就能給人一種脫胎換骨的全新印象。

此外，這個髮型在「**剪完之後，有沒有辦法靠自己重新整理出來**」也是一個重要關鍵。請將自己平常整理頭髮的方式告知髮型師，抓造型時需要的髮蠟或髮膠等髮型師推薦的產品可直接在店裡買齊。

另外，請養成**外出和人見面時，一定要抓頭髮的習慣**。一開始可能會覺得麻煩，但漸漸地就會覺得，沒整理好頭髮就會靜不下心來。能夠做到這種程度，就代表已經建立出一個屬於自己的新造型了。

最後，眉毛也要搭配髮型進行修剪。現在有很多剪髮時可一起修眉的美髮院。**不需要將整條眉毛修細，只要修掉多餘的雜毛就行了**。眉毛可改變一個人的印象，請務必配合髮型進行修剪。

附錄

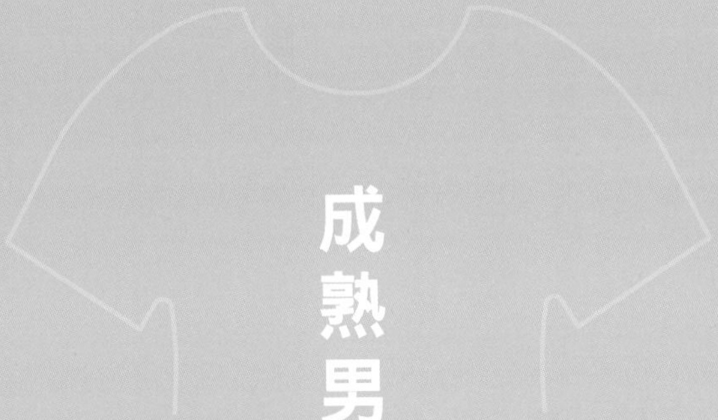

成熟男性穿搭實例

掌握最低限度的穿搭「訣竅」

穿搭不重要？

最後要活用目前為止介紹的單品和技巧，教導大家「穿搭的訣竅」。

但是在那之前，我要再強調一件事。

那就是「**想要穿得時尚有型，穿搭並不是最重要的**」，只要在第二章按部就班買下的「經典款單品」，加入第三章中介紹的「點綴效果」，自然而然會形成好看的造型。

本書開頭也提到，重要的不是穿搭，而是「備齊單品」。無論穿搭技巧再高明，手邊的單品不夠好的話，也穿不出好看的時尚。因此時尚不是靠穿搭，精挑細選單品才是打造有型時尚的最佳捷徑，請務必記得這一點。

在此前提之下，還有幾個需要掌握的重點，以下將為大家依序說明。

「休閒」和「俐落」的平衡

首先要告訴大家穿搭的一個大前提。

穿搭時需要特別留意的是「**休閒和俐落的平衡**」。

隨著年紀增長，膚質、頭髮的質感和體型都會逐漸改變，喪失年輕時的青春活力。

「以前明明穿什麼都很適合，可是最近卻怎麼穿都不對勁……」相信有這個現象的人也很多。

當然隨著年紀增長，適合的衣服也會逐漸改變，但藉由衣服彌補失去的青春活力是非常重要的。

年輕時穿二手古著看起來還挺有模有樣，但年紀大了之後若再穿二手古著，就會給人老態龍鍾的印象。因此成熟男性的服裝中，必須加入乾淨俐落的感覺。

可是卻有**許多男性都會選穿T恤、連帽外套、運動鞋等偏輕鬆休閒的單品，「乾淨俐落」的要素完全不夠**。因此配合年齡，有意識地添加乾淨俐落的單品是非常大的重點。

其實前面介紹的單品有各種特質，這裡用「休閒」和「俐落」為標準來呈現。請看左頁圖表，將休閒單品和俐落單品分成了五個階段。

所有的單品都可以像這樣按照「休閒」和「俐落」的標準來區分。將不同性質的單品「混搭在穿著裡」是非常大的一個重點。

當身上只有休閒單品時，請加入至少一件的俐落單品。光是這樣就能立刻讓穿搭看起來很成熟。

例如T恤搭配藍色牛仔褲加上運動鞋的組合。這樣全身都太過休閒了，可以在T恤外面套上一件休閒夾克外套，這樣就能立刻營造出成熟氛圍。

以上就是希望大家在組合穿搭時可以注意的事情，那就是休閒和俐落的平衡。只要遵守這個原則，成熟的假日服穿搭就完成了。

休閒單品大家應該都有，因此可以優先購買夾克外套、毛衣、假日用皮鞋等較為俐落的單品。

■「俐落～休閒」單品對照表

等級	單品
俐落	
5	徹斯特大衣、深藍色夾克外套、灰色褲子
4	風衣外套、V領開襟外套、圓領毛衣、白色襯衫、牛仔襯衫、亞麻襯衫、白色牛仔褲、漁夫帽、皮革風托特包、手提包、樂福鞋
3	BLOCKTECH連帽外套、短袖毛衣、開領襯衫、POLO衫、眼鏡・太陽眼鏡、圍巾、首飾、Military Watch、皮革製運動鞋
2	無縫羽絨連帽外套、牛仔工作襯衫、素色T恤、藍色牛仔褲、卡其褲、短褲、毛帽
1	印花T恤、連帽外套、刷毛系列、運動棉褲、拖鞋
休閒	

簡單的「色彩穿搭」訣竅

加強上下的「對比」

掌握了單品平衡的重點後，接下來要思考顏色的搭配。

先複習一下前面介紹過的內容，顏色的搭配需要注意的是「**加強對比感**」這個技巧。

例如「深藍色×白色」因為顏色差距很大，可以營造出視覺上的對比。

舉一個簡單的例子，西裝造型就很具代表性。深藍色的西裝搭配白色襯衫的組合，正可說是具備強烈對比的穿搭。其實我們身邊也充滿了各種基本配色，因此才能自然地搭配出毫不突兀的顏色。

另一方面，也有不營造對比的穿搭方式。

例如，灰色和米色這兩個中間色的搭配，是適合高階班的穿法。一旦失敗，全身看起來都會模糊不清，變成很鬆散的穿搭。

街上看到的一些不起眼的穿搭，就是因為對比不夠明顯的關係。首先請先從不那麼過度強力的顏色搭配開始嘗試吧。

精通「顏色搭配」

接著要介紹具體的顏色搭配組合。在第一章中，說明了成熟男性有適合的基本色款，首先先徹底備齊這些顏色是很重要的。這裡來複習一下重點，成熟男性的基本色款

上半身和下半身的鮮明對比。

上半身內搭與外衣的對比。

是深藍色、灰色、米色、黑色、白色。要怎麼運用這些顏色來組合搭配呢？以下將舉具體例子來說明。

【1】深藍色×白色

深藍色和白色的組合是最適合表現春夏清爽氛圍的搭配。深色加上淺色的組合對比強烈，可讓穿著看起來更有視覺上的主從關係。

其實這種組合不限於春夏，**在容易選穿暗色系穿搭的秋冬也是相當有效果的配色**。

一開始先以深藍色夾克外套加白色牛仔褲，上半身深藍色、下半身白色的配色開始。或是深藍色夾克外套底下搭配白色襯衫，這種能吸引人目光的配色也很推薦。

【2】米色×深藍色

米色×深藍色相當經典，對很多人來說，應該也是看得相當習慣的配色。通常米

「深藍色×白色」的清爽組合。

色都是用卡其褲，這裡改成搭配米色大衣，下半身搭配藍色牛仔褲，讓整體造型看起來更緊實有型。

如果全身都是淡色系，便很難打造出鮮明對比，想搭出有型的裝扮難度會更高。**米色是膨脹色，搭配深藍色和黑色可確實增強對比感**。

「米色×深藍色」。用深色來讓膨脹色變得更緊實有型。

【3】深藍色×黑色

深藍色×黑色的組合也可呈現成熟優雅氣質。不打算營造明顯對比時，搭配同為暗色系的服裝並不算是失敗。**這樣的組合可讓顏色發揮效果，讓全身線條看起來更緊實俐落，有「修身的效果」**。

全身黑色的組合看起來會太沉重，可運用深藍色和黑色調配顏色濃淡，看起來會更時尚有型。深藍色T恤外面套上黑色開襟外套可說是秋冬裝相當有效果的配色。

以上就是穿搭的訣竅。

最後我將運用前面介紹的單品，介紹幾個「季節性穿搭」的具體範例。請配合每個場景，參考以下穿搭範例。

「深藍色×黑色」營造出修身俐落感。

1

Spring
春

風衣外套
×
白色圓領毛衣
×
藍色牛仔褲
×
白色運動鞋

上半身的米色風衣外套搭配白色圓領毛衣讓整體看起來明亮有型。下半身選擇藍色牛仔褲，讓整體造型變得更緊實，視覺上更平衡。帶有商務氛圍的風衣外套將後衣領稍微立起，可立刻變得休閒。同時別忘了將牛仔褲褲管捲起，露出腳踝，加入適合春天的輕盈感。

白色扣領襯衫（BD）和藍色牛仔褲的組合是不管什麼時代都屹立不搖的經典穿搭。但光是這樣看起來會有點單調，因此還需要再添加一些點綴效果。捲起襯衫的袖子和牛仔褲的褲管，最後再加入毛帽、手錶、眼鏡等配件當點綴，讓簡單的穿搭看起來更為亮眼。

白色扣領襯衫
×
藍色牛仔褲
×
白色運動鞋
×
毛帽
×
眼鏡

Spring
春
2

3

Spring
春

黑色開襟外套
×
深藍色橫條紋
POLO衫
×
白色牛仔褲
×
黑色懶人鞋

POLO衫通常在夏天都只會單穿，但運用在重疊穿搭上才是最理想的狀態。選擇可以當作點綴的橫條紋，外面再套上黑色開襟外套，成熟風格的上半身就完成了。
另一方面，下半身搭配白色褲子，提高對比感，同時使用適合春天風格的顏色。腳下穿黑色懶人鞋讓整體造型更緊實有型。

牛仔襯衫和白色牛仔褲的組合呈現出適合春夏的清爽氛圍。光是這樣就能完成一套具備對比感的均衡穿搭。肩膀披上一件深藍色的開襟外套，加入恰到好處的點綴。捲起袖子和褲管可提升「洗鍊感」。腳下搭配黑色懶人鞋可讓整體造型更為緊實有型。

牛仔襯衫
×
白色牛仔褲
×
深藍色
開襟外套
×
黑色懶人鞋

Spring
春
4

1

Summer

夏

亞麻襯衫

×

深藍色短褲

×

草編鞋

×

太陽眼鏡

具備清涼感的直條紋亞麻襯衫是盛夏的必備單品。上半身搭配俐落造型時，下半身搭配輕盈的短褲，可提升整體的清涼感。正因為是開放感十足的夏天，搭配三色法國旗的草編鞋能添加華麗感。

也別忘了加入太陽眼鏡和首飾等配件，為整體穿搭增添色彩。

以近年來的流行單品短袖毛衣為中心的穿搭。比起單穿一件T恤，毛衣看起來更能添加成熟優雅氣質。搭配深色牛仔褲是在休閒的穿搭中增添氣質的重點。簡單的穿搭若是覺得還不太夠的話，搭配漁夫帽可添加點綴效果，達到整體均衡。

白色短袖毛衣
×
牛仔九分褲
×
拖鞋
×
漁夫帽

Summer
夏
2

3

Summer

夏

深藍色短袖毛衣

×

藍色牛仔褲

×

黑色懶人鞋

×

漁夫帽

×

太陽眼鏡

深藍色短袖毛衣搭配藍色牛仔褲，同為深色單品的穿搭。這類簡單的穿搭，運用漁夫帽當點綴，效果更佳。搭配同樣是黑色的懶人鞋，可讓全身達到藍×黑的一致性，休閒中帶有成熟的感覺。夏天面對耀眼的陽光需要搭配太陽眼鏡，太陽眼鏡也可掛在毛衣領口當作點綴。

以充滿潮流感的開領襯衫為中心的穿搭。黑色的開領襯衫本身就帶有復古感，因此下半身搭配白色牛仔褲可添加清爽感。不使用太多顏色，全身簡單有型，就能成功運用流行感強烈的單品達成時尚有型的整體穿搭。

開領襯衫
×
灰色橫條紋T恤
×
白色牛仔褲
×
黑色懶人鞋

Summer
夏
4

1

Autumn

秋

深藍色夾克外套

×

白色印花T恤

×

藍色牛仔褲

×

黑色懶人鞋

深藍色夾克外套搭配白色印花T恤是經典的穿搭組合。雖然也可以搭配素色T恤，但搭配印花T恤比較能中和嚴謹的感覺。夾克外套的袖口和褲管稍微捲起，是讓夾克外套變成休閒隨興穿搭的最大重點。

初秋最適合積極運用的簡約圓領毛衣。中間色的灰色毛衣搭配牛仔質地的九分褲，是簡簡單單就能搭配出來的穿搭。毛衣底下穿著素色T恤，讓領口看起來乾淨俐落是重點。休閒的穿搭中，可在腳下搭配樂福鞋，讓整體看起來更為緊實有型。整體看起來若是還覺得少了什麼，可加入眼鏡當點綴。

灰色圓領毛衣
×
牛仔九分褲
×
樂福鞋
×
眼鏡

Autumn
秋
2

3 Autumn 秋

風衣外套
×
白色扣領襯衫
×
灰色圓領毛衣
×
藍色牛仔褲
×
黑色懶人鞋

適合秋天的深藍色風衣外套，搭配休閒的藍色牛仔褲，營造隨興風格是這套穿搭的重點。大衣底下的白色襯衫和灰色毛衣的重疊穿法，可搭出多層次風格。白色襯衫不紮進褲子裡，毛衣下襬露出一點白色可添加一些明亮感。腳下搭配黑色懶人鞋，留意俐落和休閒的平衡可讓整體看起來更時尚有型。

以經常用在點綴上的橫條紋長袖針織衫為重點的穿搭。搭配白色襯衫的重疊穿搭，穿出層次，可讓整體看起來更時尚有型。衣服下襬露出一點白色襯衫添增清爽的印象。整體看起來偏休閒，腳下可搭配樂福鞋讓整體看起來更緊實有型。如果整體穿搭還少了一些什麼，可搭配毛帽等配件，達到整體均衡。

橫條紋針織衫
×
白色扣領襯衫
×
灰色九分褲
×
樂福鞋
×
毛帽

Autumn
秋
4

1

Winter

冬

徹斯特大衣

×

灰色圓領毛衣

×

藍色牛仔褲

×

白色運動鞋

具備厚重感的徹斯特大衣搭配藍色牛仔褲和白色運動鞋等休閒單品，便能達到恰到好處的隨興風格。灰色的圓領毛衣可提升整體氣質，同時加入適度的休閒感，扮演了連接大衣和牛仔褲的重要角色。捲起褲管後可看到的襪子也成功達到點綴效果。

外套當中休閒度最高的羽絨外套，搭配俐落的單品，達到整體平衡是這套穿搭的重點。羽絨外套裡面搭配毛衣、下半身搭配白色牛仔褲，增添俐落的元素。白色牛仔褲也可用灰色休閒褲代替。重點在於如何讓休閒單品營造出成熟風格。

無縫羽絨外套
×
深藍色圓領毛衣
×
白色牛仔褲
×
黑色懶人鞋

Winter
冬
2

3

Winter

冬

徹斯特大衣

×

牛仔工作襯衫

×

白色牛仔褲

×

黑色懶人鞋

×

圍巾

運用徹斯特大衣的另一款穿搭。搭配休閒氛圍的牛仔工作襯衫，可中和徹斯特外套的正式風格是這套穿搭的重點。冬天容易選穿暗色系，加入白色牛仔褲可隨即增添明亮感。敞開的領口可加入格紋圍巾，讓胸前有點分量能增加點綴效果。

以羽絨外套為主的另一款穿搭。搭配毛衣和九分褲等稍微俐落的單品，可營造出整體的氣質是這套穿搭的重點。容易選穿暗色系的冬天穿搭，只要利用毛衣和運動鞋加入對比色，就能立刻提升整體華麗感。加入毛帽當點綴也很OK。

無縫羽絨外套
×
白色圓領毛衣
×
灰色九分褲
×
白色運動鞋
×
毛帽

Winter
冬
4

稍微出門也能很時尚的穿著「1 mile wear」

擺脫「鬆垮垮的居家服」

最後要介紹的是「1 mile wear」，也就是在生活圈內也能穿得很時尚的穿搭方式。我們在家穿居家服或是出門到家裡附近的店時，都會喜歡穿已經很舊的衣服，但仔細想想，在家裡附近閒晃時會穿的衣服，其實都是穿著頻率意外高的衣服。添購這類新衣，可讓平常的生活變得更充實。

穿著舒適是絕對必要的條件，除此之外還必須**意識到適度的成熟及造型感**。不如就趁著這個機會，丟掉鬆垮垮的居家服，換上全新的「1 mile wear」吧。

「方便活動」和「乾淨整潔」

「1 mile wear」的必要條件是「穿起來舒適」，可選擇具備彈性，穿起來不會有壓迫感的服飾。

如果還有設計簡約，同時散發成熟風格的單品會更好。

基於以上幾點，我想推薦給大家的是**P.92中介紹到的UNIQLO的BLOCKTECH連帽外套**。BLOCKTECH連帽外套質料具備彈性，非常輕盈，穿起來不會有任何壓迫感。

除了穿起來舒適之外，性能也十分優秀，沒有任何累贅設計，搭配成熟風的穿著也相當適合，買了絕對不會吃虧。

另外一個是會露出腳踝的「**輕便九分褲**」，這也是相當方便好穿的單品。

UNIQLO還有另外一款長度類似的「束口褲」，褲管使用鬆緊帶的束口設計，營造出強烈的休閒感，成熟男性很難穿出型來，因此像輕便九分褲這種設計簡約的單品會好用很多。

輕便九分褲可選擇具備適度俐落感的「灰色」。除了質料具備彈性之外，腰部也加入了鬆緊帶，穿起來輕便舒適。

以BLOCKTECH連帽外套和輕便九分褲兩款單品為中心來搭配1 mile wear是不錯的組合。

完成後再戴上毛帽，就可以不整理頭髮直接出門了。這是相當方便的組合，請務必納入穿搭當中。

整體造型不要太過休閒

要如何運用這裡介紹到的BLOCKTECH連帽外套和輕便九分褲，關鍵在於和之前備齊的經典單品混搭。

如果全身上下都是太過隨興的單品，對於成熟男性來說會太過休閒，**因此需要加入一些俐落的元素**。

例如黑色的BLOCKTECH連帽外套加上黑色九分褲的組合，就不適合再搭配休閒的T恤，這時可加入白色的扣領襯衫，即可添加俐落的元素。

但是也沒必要加入太多俐落元素，只要在身上加入1～2件，就能達到整體均衡。

下一頁會介紹兩組 1 mile wear 的穿搭，請務必參考看看。

1

1mile wear
ワンマイル
ウェア

黑色
BLOCKTECH
連帽外套
×
白色扣領襯衫
×
灰色九分褲
×
白色運動鞋

簡約且沒有多餘設計的輕便九分褲是1 mile wear的必備單品。因為具備很強烈的運動元素，因此底下可搭配就算有皺褶也很有型的白色扣領襯衫，再搭配有彈性也有中摺線的俐落九分褲，便能達到整體均衡。穿起來很舒適的同時，讓外表也能具備俐落感的成熟風1 mile wear造型就此完成。

只要在白色素色T恤外面套上深藍色開襟外套，便完成了直接出門也能看起來很順眼的造型。下半身搭配灰色的輕便九分褲，可在休閒當中營造出一點成熟風格。只是出門一下而不想整理髮型的話，便是毛帽登場的時候了。兼具舒適和隨興風格，同時具備俐落成熟風的1 mile wear造型就此完成

深藍色
開襟外套
×
白色T恤
×
灰色九分褲
×
白色運動鞋
×
毛帽

1mile wear
ワンマイル
ウェア
2

結語

造型打扮原本就沒有任何規則可言。想要穿特立獨行的衣服，或是重視舒適感，追求隨興風都可以，只要自己對自己的造型感到滿意的話，其實就很足夠了，沒必要去在意別人怎麼想。

只是我並不這麼認為。我會在意別人的目光，也會覺得既然要打扮，那就要讓周遭的人覺得我穿得很「好看」。這不僅僅是為了滿足自我，也是因為我很享受打扮的樂趣，包括別人對我的評價。而且跟我有同樣想法的人應該不在少數。

本書中介紹了能夠獲得好感的成熟造型基本原則。

請將自己的喜好或個性擺在一旁，先試著模仿書中所寫的做看看。

只是「直接套用書中介紹的造型」聽起來好像很簡單，其實並非這麼單純的事。改變造型同等於要改變以往習慣的穿衣風格，需要有相當大的決心才能辦得到。

我希望能夠多多少少輔助各位的決心，推動各位向前進。

因此在本書中，我優先使用以UNIQLO為主的低價位單品來介紹造型。畢竟無論介紹再多再好看的時尚裝扮，只要單品價格太貴，就會很難令人踏出新的一步。

這就是和我的前作《最強「選衣術」》最大的差別。

本書中介紹的衣服，都是設定在適合踏出新的一步的價位。因此請務必在不勉強的範圍內，試著踏出下一步吧。

改變造型時最重要的就是要有「享受變化的態度」。看著鏡中煥然一新的自己，剛開始可能會有些難為情，但鼓起勇氣去嘗試才是最重要的。一開始會覺得看不順眼是正常的，如果沒有「健全的突兀感」，就會陷入萬年不變的穿著當中。

不過沒有關係，只要改變一次，之後一定會慢慢習慣。只要克服這種突兀的感覺，就能立刻改頭換面，穿出更有型有款的造型。

本書中介紹的造型雖然都以UNIQLO的服飾為主，但除了UNIQLO之外，還有很多選擇。請先備齊UNIQLO的基本款衣服後，再嘗試看看「選貨店」的商品吧。

在不了解時尚基本原則的情況下，可能會幾乎看不出來UNIQLO和選貨店商品的差別，但只要能慢慢磨練自己的時尚品味，總有一天一定可以看出那些微小的差異。

下一個階段就是一邊享受這些微小的差距，一邊幫自己的整體造型做微調。乍看之下沒有太大的差別，但其實還是有差的。

逐步累積這些小小的差距，正是造型打扮的樂趣所在。

達到這個境界時，剛才介紹的《最強「選衣術」》一定能幫上各位的忙。將平價和高級的單品混搭，建立屬於自己的獨創造型風格，正是成熟造型的一個重要的里程碑。

＊

最後我由衷感謝從前作就竭盡心力協助我的編輯種岡健先生、攝影師清水啟介先生、擔任模特兒的田中直澄先生，以及所有相關人士，託各位的福，我這次也完成了一本得意之作。

我誠心希望本書能讓各位今後的生活變得更豐富美滿，若是有任何心得感想，歡迎透過推特或部落格讓我知道。我期待日本國內能出現更多享受打扮的成熟男性。

造型師　大山旬

刊載協助品牌（P146～147）

TECHNE
H°M'S" WatchStore表參道
東京都澀谷區神宮前4-4-9 1F
TEL/FAX 03-6438-9321

[日文版工作人員]
書籍設計　小口翔平+山之口正和（tobufune）
攝影　清水啟介（business-portrait.biz）
髮型　古味絵里奈
模特兒（P4～5）　田中直澄
模特兒（上記以外）　大山旬（作者）
校對　円水社
編輯　種岡 健（大和書房）

大山 旬

造型師，曾任職於服裝業界、當過轉職顧問後獨立門戶。包含知名人士，曾幫三千多人做過造型。2015年創辦線上時尚學校，以不擅長打扮的成年男性為對象，以淺顯易懂的方式介紹流行時尚的基本概念。座右銘為「打扮是為了提升自信」，致力於解決各種造型上的煩惱。
主要著作包括《不擅長打扮的人也能穿搭有型的最強「選衣術」》（大和書房），此外也經常出現在各大媒體上，包括〈早安日本〉（NHK）、〈鬧鐘電視〉（富士電視台）、「讀賣新聞」、「朝日新聞」。

部落格　http://4colors-ps.com/blog/
Twitter　https://twitter.com/shun_4colors
線上學校　「男性時尚學校（Men's Fashion School）」　https://so-school.tokyo/lp1/

「UNIQLO」型男超速時尚

無論現在幾歲，都可以立刻讓自己改頭換面

2018 年 7 月 1 日初版第一刷發行

作　　者　大山旬
譯　　者　林琬清
編　　輯　吳元晴
美術編輯　黃郁琇
發 行 人　齋木祥行
發 行 所　台灣東販股份有限公司
＜地址＞台北市南京東路 4 段 130 號 2F-1
＜電話＞(02)2577-8878
＜傳真＞(02)2577-8896
＜網址＞http://www.tohan.com.tw
郵撥帳號　1405049-4
法律顧問　蕭雄淋律師
總 經 銷　聯合發行股份有限公司
＜電話＞(02)2917-8022
香港總代理　萬里機構出版有限公司
＜電話＞2564-7511
＜傳真＞2565-5539

國家圖書館出版品預行編目資料

「UNIQLO」型男超速時尚：無論現在幾歲，都可以立刻讓自己改頭換面/大山旬著；林琬清譯.-- 初版. -- 臺北市：
臺灣東販, 2018.07
200面；14.5×21公分
ISBN 978-986-475-703-9（平裝）

1.男裝 2.衣飾 3.時尚

423.21　　107008411